AF389074

# LA
# RÉSISTANCE DE L'AIR

ENVISAGÉE COMME

## BASE SCIENTIFIQUE ET EXPÉRIMENTALE

DE

# L'AVIATION

# LA
# RÉSISTANCE DE L'AIR

ENVISAGÉE COMME

BASE SCIENTIFIQUE ET EXPÉRIMENTALE

DE

# L'AVIATION

PAR

## M. L. LEGRAND

INGÉNIEUR EN CHEF DIRECTEUR
AU CORPS DES MINES DU ROYAUME DE BELGIQUE
PROFESSEUR A L'UNIVERSITÉ DE LIÈGE

LIBRAIRIE AÉRONAUTIQUE

40, RUE DE SEINE

PARIS

# INTRODUCTION

*Avant que l'aviation ne soit venue mettre à l'ordre du jour l'étude de la Résistance de l'air, celle-ci ne se prêtait qu'à des développements restreints et ne présentait qu'un intérêt fort limité. Les connaissances scientifiques et expérimentales que cette science pouvait d'ailleurs offrir à ce moment, étaient pour ainsi dire nulles quand elles n'étaient pas fausses.*

*Mais à partir du jour où le domaine de l'air a été conquis par le plus lourd que l'air, cette étude a pris une importance capitale et inattendue ; c'est de l'étude raisonnée de l'aérodynamique que l'on attend actuellement les perfectionnements des appareils d'aviation.*

*Des expérimentateurs de renom se sont dès lors livrés à des recherches expérimentales du plus haut intérêt et ont apporté une moisson abondante de renseignements utiles et parfois surprenants. En même temps de nombreux travaux ont vu le jour, des revues entièrement consacrées aux questions d'aéronautiques se sont fondées, des Écoles se sont formées et ont donné à l'aérodynamique une impulsion telle qu'aucune autre science n'en a connue de semblable.*

*Mais d'autre part, l'abondance des publications rendait de plus en plus difficile, à ceux qui s'intéressaient à ces questions, l'initiation complète aux véritables progrès de l'aérodynamique.*

*Nous nous sommes efforcés, pour notre part, de résumer tous les travaux qui nous paraissaient mériter une mention spéciale, en les groupant dans un programme d'ensemble de façon à former une étude complète sur la Résistance de l'air.*

*Dans le but d'être utile aux Élèves-Ingénieurs de l'Université de Liège, nous avons publié ce résumé sous forme d'autographie* en 1910 et 1911 : il nous paraît que l'étude de la **Résistance de l'air** considérée, comme base scientifique de l'aviation, était assez avancée pour justifier une publication plus importante.

Nous avons adopté la classification proposée par le Commandant Paul **RENARD** et nous avons divisé l'*Etude de la Résistance de l'air* en trois chapitres :

L'air comme obstacle au mouvement ;

L'air comme moyen de sustentation ;

L'air comme point d'appui des propulseurs.

Cette classification n'est pas parfaite, car l'étude de l'air comme obstacle ne peut se séparer de l'air comme moyen de sustentation dans l'attaque oblique de l'air ; des propulseurs comme les ailes battantes, sans importance pratique actuellement, mais destinées peut-être à en acquérir, sont en même temps des appareils de sustentation ; enfin les méthodes expérimentales s'étendent indifféremment sur les trois classes.

Quoiqu'il en soit, c'est la classification qui nous paraît le mieux définir le programme que nous nous sommes assigné ; c'est pourquoi nous l'avons conservée.

# LA
# RÉSISTANCE DE L'AIR

ENVISAGÉE COMME

## BASE SCIENTIFIQUE ET EXPÉRIMENTALE DE L'AVIATION

---

## I

# L'air considéré comme obstacle
# au mouvement

La résistance de l'air varie avec les trois éléments suivants :
1° la densité de l'air.
2° la grandeur et la forme de la section du corps.
3° la vitesse relative de l'air par rapport à ce corps.

### Densité de l'air

L'expérience a montré que la résistance de l'air est proportionnelle à sa densité ; cette proportionnalité s'est sensiblement maintenue quant on passe de l'air à l'eau qui est 800 fois plus dense que l'air.

La densité variant avec la pression et la température, il est nécessaire de fournir les résultats d'expériences pour des valeurs constantes de ces deux éléments.

Généralement on ramène tous ces résultats à la pression de 760 $^{m/m}$ et à la température de 15°.

Si $\Delta$ est la densité de l'air à la température T et à la pression H ;

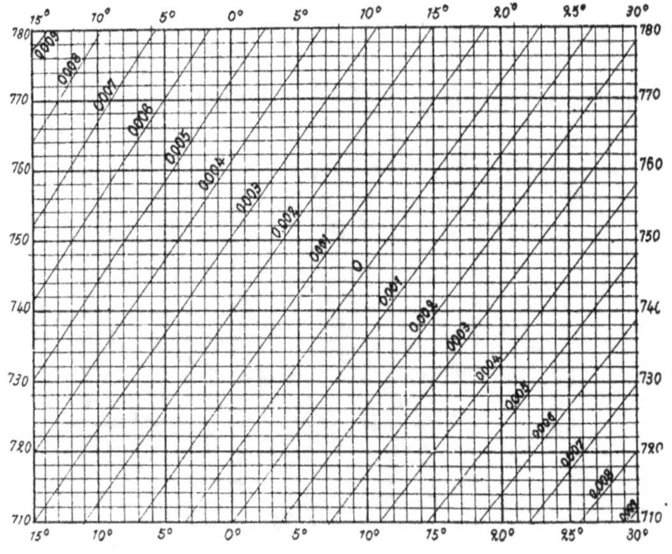


Fig. 1

$\Delta_0$ la densité à la température de 15° et à la pression de 760 $^{m/m}$, on a :

$$\Delta = \Delta_0 \; \frac{H}{760} \; \frac{\dfrac{1}{1 + \alpha T}}{\dfrac{1}{1 + 15° \times \alpha}} = \Delta_0 \; \frac{H}{760°} \; \frac{1 + 15 \times \alpha}{1 + \alpha . T}$$

d'où

$$\Delta_0 - \Delta = \Delta \left( \frac{760}{H} \times \frac{1 + \alpha T}{1 + 15 . \alpha} - 1 \right).$$

Si on désigne $\left( \dfrac{760}{H} \times \dfrac{1 + \alpha T}{1 + 15° \times \alpha} - 1 \right)$ par $n$, on a

$$\Delta_0 = \Delta \, (n + 1)$$

Tout coefficient, proportionnel à la densité de l'air sera donc lié

par cette équation : il en est ainsi du coefficient K de résistance
de l'air, dont nous allons donner la signification.

Pour celui-ci, on aura donc :

$$K_{15.760} = K_{TH} ( n + 1)$$

La valeur de $n$ peut se déterminer par un abaque.
En effet, l'équation

$$n = \frac{760}{H} \; \frac{1 + \alpha T}{1 + 15 \alpha} - 1$$

dans laquelle $n$ reçoit des séries de valeurs, sera l'équation de
droites parallèles que l'on peut construire.

En donnant à $n$ des valeurs 0, + et — (0.001, 0.002,.....), on
obtient un abaque représenté fig. nº 1, dans lequel les hauteurs ba-
rométriques sont portées en ordonnées et les températures en
abscisses.

Si une expérience a été faite à la pression barométrique de 765
et à la température de 25° par exemple, la rencontre des quadril-
lages passant par ces valeurs se fait sensiblement sur la droite
0.002 : on prend donc $n = 0.002$ et on aura

$$K_{15.760} = K_{TH} (1.002)$$

## Forme et grandeur de la section

Si on considère la pression exercée par l'air sur un corps de forme quelconque, comme une force statique et si on lui applique le
principe de la composition des forces, la résultante des forces exercées dans la direction du mouvement de l'air est proportionnelle à
la maîtresse section du corps évaluée normalement à cette direction.

Cette propriété vraie, si l'air n'agissait que par simple pression
statique, ne l'est plus quand il s'écoule le long de la surface.

Les expériences qui ont été faites sur les corps de formes différentes ont conduit à des résultats extrêmement dissemblables
pour des corps dont la maîtresse section était constante mais dont
les formes géométriques variaient. Ainsi un plan mince de $1^{m2}$ de
section oppose à l'air animé d'une vitesse de $1^m$ par $1''$ une résistance de 75 grammes.

Cette résistance est 6 fois moindre pour une sphère de même section.

Le Colonel Renard a trouvé au moyen de la balance dynamométrique, qu'en représentant par 1 la résistance d'un plan mince de $1^{m\,2}$ de section placé normalement au courant d'air, la sphère a une résistance mesurée par 0.158 ; une demi-sphère creuse marchant la convexité en avant a une résistance de 0.392 ce qui prouve déjà l'influence de la forme arrière du corps ; la résistance de la demi-sphère marchant la concavité en avant est égale à 1.283. C'est cette différence de résistance qui provoque la rotation des moulinets aériens employés pour enregistrer la vitesse du vent.

Un cylindre qui s'avance transversalement a une résistance égale à 0.396 tandis qu'un cylindre fusiforme dont l'allongement de pointe en pointe est égal à deux fois le diamètre de la maîtresse section, n'offre qu'une résistance de 0.073 ; pour un allongement de 3 elle descend à 0.032, c'est-à-dire $\dfrac{1}{31}$ de celle du plan mince de même section.

Ces chiffres font constater l'influence énorme de la forme des carènes sur la résistance qu'elles opposent à leur mouvement dans l'air.

Cette variation de la résistance des corps de maîtresse section équivalente conduit à la nécessité d'établir la résistance d'une surface étalon permettant d'évaluer par comparaison la grandeur de la résistance de corps de formes géométriques différentes, mais de maîtresses sections égales.

On a choisi comme surface étalon le plan mince disposé normalement à la direction du mouvement.

Les expériences ont de plus démontré que la résistance d'un plan mince variait non seulement avec l'étendue de la section, mais aussi avec ses dimensions.

Nous apprécierons mieux leur importance, lorsque nous aurons établi les formules fondamentales de la résistance de l'air et surtout quand nous serons en possession de résultats d'expériences.

Pour le moment, nous admettrons que la résistance du plan mince est proportionnelle à l'étendue de la section.


## Influence de la vitesse relative de l'air

La pression exercée par l'air sur un corps ne dépend évidemment que de la vitesse avec laquelle l'air atteint le corps, c'est-à-dire de la vitesse relative de l'air par rapport au corps ou vice versa.

La résistance d'un fluide peut varier en fonction de la vitesse suivant une relation dont la forme la plus générale est

$$R = a + bv + cv^2 + dv^3 + \ldots\ldots$$

Le terme constant est nul puisque sans vitesse relative, il n'y a pas d'action réciproque.

Les expériences ont montré que le terme $bv$ était insignifiant et ne devait intervenir que pour des vitesses inférieures à $1^m00$.

Elles ont montré d'autre part, que le terme $cv^2$ était prépondérant et que pour des vitesses variant de $1^m00$ à $40^m00$ par $1''$, il était seul existant, de telle sorte que pour les vitesses comprises entre ces limites, la résistance de l'air varie proportionnellement au carré de la vitesse.

Pour les vitesses plus grandes, les termes suivants ne sont plus négligeables et avec les vitesses que l'on imprime actuellement aux projectilles, on doit tenir compte de la 5e et même de la 6e puissance de la vitesse.

Mais, pour les vitesses réalisées en aéronautique, la proportionnalité de la résistance au carré de la vitesse est bien une donnée scientifiquement acquise.


## Expression de la résistance du plan mince orthogonal


En application des lois que nous venons de rappeler, la résistance d'un plan mince peut s'exprimer par la formule :

$$R = KSV^2$$

Le coefficient K est la résistance exprimée en kilogs d'un plan mince dont la section est égale à $1^{m2}$ et dont la vitesse est $1^m00$ par $1''$.

Il est fonction de la densité de l'air; mais on convient de toujours l'établir dans des conditions identiques de température et de pression : sa valeur est généralement fournie pour la pression de $760^m/_m$ et à la température de $15°$.

Comme il varie proportionnellement à la densité de l'air, il est aisé d'établir la correction qu'il doit subir pour l'obtenir à une température et à une pression quelconque par la formule que nous avons rappelée ou par l'abaque qui en est déduit.

## Valeur théorique du coefficient de résistance de l'air

Considérant une plaque **AB** soumise à l'action d'un courant d'air de vitesse V et disposée perpendiculairement à la direction du courant d'air.

Un filet fluide *mn* qui vient frapper la plaque est dévié momentanément par celle-ci jusqu'à ce qu'il puisse s'échapper par le bord.

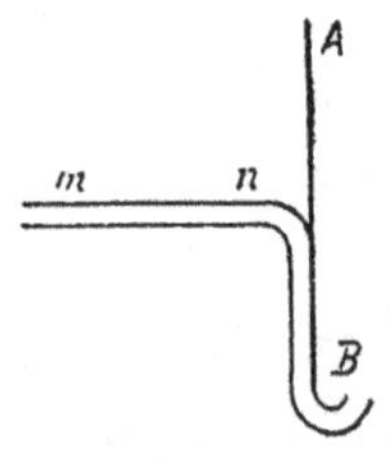



Fig. 2.

Sa vitesse a donc passé dans le sens du mouvement de V à zéro : elle aurait varié de zéro à V si la plaque se déplaçait en air calme.

La quantité de mouvement que le filet fluide a perdu est égale à V*d*M : cette quantité est égale à l'impulsion élémentaire *pdt* qui est communiquée à la plaque. Si on suppose tous les filets fluides compris dans la section de la plaque, déviés de cette manière, la quantité de mouvement abandonnée par la tranche d'air de même section que la plaque, est égale à l'impulsion élémentaire reçue par la plaque toute entière.

Si P est la pression totale que celle-ci subit sous l'influence du passage de la masse totale d'air M, on peut écrire :

$$\int_{t_1}^{t_2} P\,dt = V \int_{t_1}^{t_2} dM$$

et en intégrant entre deux limites différentes de l'unité :

$$P = MV.$$

La masse M est alors la masse du volume d'air écoulé pendant une seconde.

Ce volume a une section S égale à celle de la plaque. Sa longueur est le déplacement par *1″* : c'est V.

Donc le volume est égal à SV et la masse est $\dfrac{\Delta}{g}$ SV, d'où :

$$P = \frac{\Delta}{g} SV^2.$$

En comparant à la formule fondamentale

$$R = KSV^2$$

il vient :

$$K = \frac{\Delta}{g}.$$

A la pression de 760 $^m/_m$ et à la température de 15°

$$\frac{\Delta}{g} = O^k 131.$$

Cette valeur suppose que chaque filet fluide compris dans la section de la plaque agit avec la même intensité en tous les points de la section.

Il n'en est cependant pas ainsi, car une partie des filets fluides ne subit dans le sens du mouvement que des variations de vitesse inférieure à V ; cet effet est particulièrement marqué dans le voisinage des bords. On conçoit donc que certaines formes étudiées pour dévier l'air en lui conservant la plus grande partie de sa vitesse longitudinale soient particulièrement favorables, tandis que d'autres qui tendent à augmenter la zone influencée, présentent, au contraire, une grande résistance.

Il n'y a pas d'ailleurs qu'une pression exercée sur la face avant du plan : nous verrons qu'il se produit en arrière de la plaque une dépression qui ajoute son action à celle de la pression. Les filets fluides qui passent au voisinage des bords étant animés d'une grande vitesse, ne se rejoignent qu'à une certaine distance de la plaque et laissent subsister au dos de celle-ci, une zone de remous ou s'établit un certain vide. On regagne donc ainsi une partie de la pression perdue à l'avant.

Cette dépression constitue une part notable de la pression totale. Elle dépend de la forme arrière du corps ; on conçoit, en effet, que si celui-ci remplit la zone de dépression de façon que les filets fluides suivent la surface sans remous, la dépression puisse être diminuée dans de notables proportions.

La détermination de cette dépression échappe à tout calcul. L'expérience est donc nécessaire pour donner avec précision la valeur de la poussée. Les phénomènes qui se passent au voisinage d'un corps plongé dans un courant d'air sont trop complexes et encore trop peu connus pour qu'une théorie puisse en tenir compte sans s'appuyer sur des résultats d'expériences. Celles-ci jouent donc un rôle capital en aérodynamique, à l'heure actuelle surtout.


# MÉTHODES EXPÉRIMENTALES

Ces méthodes peuvent se diviser en deux classes :

La première où le corps se déplace en air calme;

La seconde où l'air est lancé contre le plan placé à poste fixe. Cette dernière s'appelle méthode au point fixe.

En vertu du principe du mouvement relatif, l'effet est le même que le corps à essayer soit soumis à l'action d'un courant d'air de vitesse V, ou qu'il soit déplacé en air calme avec la même vitesse.

Certains auteurs n'hésitent pas à mettre en doute l'exactitude de ce principe. Il semble cependant que les phénomènes de déviation qui se produisent au voisinage de la plaque, dépression comme pression, ne dépendent que de la vitesse relative de l'air par rapport à la plaque et que si cette vitesse relative varie d'un mode d'expériences à l'autre, il faut plutôt attribuer les différences constatées dans certaines expériences, aux conditions mêmes dans lesquelles celles-ci se sont faites.

La plupart des méthodes que nous allons décrire ne servent pas seulement aux essais sur le plan mince, mais s'appliquent aux essais de tous genres effectués pour déterminer la valeur de l'air comme obstacle, comme moyen de sustentation et comme point d'appui des propulseurs.

Nous ne nous bornerons pas à la description des installations et aux essais sur le plan orthogonal, mais nous les ferons suivre de la généralité des résultats obtenus par chacune de ces méthodes en ne réservant que les expériences faites sur les propulseurs dont la place est mieux indiquée dans l'étude de ces derniers.


## Méthode à chute libre et à vitesse constante

Cette méthode a été appliquée par Le Dantec au Conservatoire des Arts et Métiers.

Il laissait tomber un plan mince de $1^{m2}$ de section jusqu'à ce que sa vitesse devint uniforme, et dans certaines expériences il en a fait varier le poids jusqu'à obtenir une vitesse uniforme de chute de $1^m$ par seconde.

Lorsqu'un corps tombe ainsi librement, il subit de la part de l'air une résistance qui tend à équilibrer son poids. Lorsque la résistance de l'air est égale au poids du corps, celui-ci est soustrait à toute force extérieure; sa vitesse devient uniforme.

Ayant déterminé cette vitesse, connaissant le poids du plan et sa section, la formule fondamentale fournit le coefficient de résistance de l'air.

Dans le cas des expériences de Le Dantec, ce coefficient était égal au poids du plan.

Il a trouvé pour ce coefficient la valeur de $0^k080$.

Un plan de $1^{m2}$ offre donc, dans un courant d'air de vitesse égale à $1^m$ par $1''$ une résistance de $80$ grammes.

Ces expériences étaient forcément limitées à faibles vitesses : elles n'ont pas dépassé $2^m00$ par $1''$.


## Méthode à chute libre avec vitesse variable

## Expériences de M. Eiffel


M. Eiffel laissait tomber du second étage de la tour qui porte son nom, le long d'un câble qui en guidait la chute, un appareil muni d'un plan horizontal avec équipage équilibré et disposé de manière à enregistrer sur un cylindre tournant à une vitesse proportionnelle aux hauteurs de chute, les allongements de ressorts destinés à mesurer la pression exercée sur le plan.

Ces déplacements étaient enregistrés par la branche d'un diapason dont les oscillations étaient au nombre de $100$ par seconde.

Ce diagramme fournissait donc en abscisses les déplacements et en ordonnées les tensions des ressorts; les vibrations du diapason permettaient de transformer ces déplacements en vitesses.

$p$ étant le poids du plateau attelé aux ressorts, $f$ la tension de ceux-ci mesurée sur le diagramme à un moment donné, l'expression de la résistance de l'air sur le plan est :

$$R = p + f - \frac{p}{g}\frac{dv}{dt}$$

Le dernier terme représente l'inertie de l'appareil mobile; $\frac{dv}{dt}$ est l'accélération qui se mesure par l'accroissement de la vitesse au moment considéré divisé par le temps, toutes quantités fournies par le diagramme.

Ce diagramme était formé d'une fine sinusoïde enroulée sur le cylindre enregistreur. Pl. III.

Les ordonnées de la ligne moyenne de ce diagramme mesurent la tension des ressorts.

Les abscisses fournissent la hauteur de chute ; le temps écoulé est fonction du nombre de vibrations.

### Calcul de la vitesse

Soit à mesurer la vitesse en un point A.

M. Eiffel prend à partir de ce point de part et d'autre, des longueurs couvrant respectivement 5 et 10 vibrations.

Le rapport entre les hauteurs de chute et les abscisses du diagramme est égal à $\frac{100}{1}$; donc, les hauteurs de chute correspondant à ces longueurs ont comme valeurs :

$$H = 100 \times l \text{ et } 100 \times L.$$

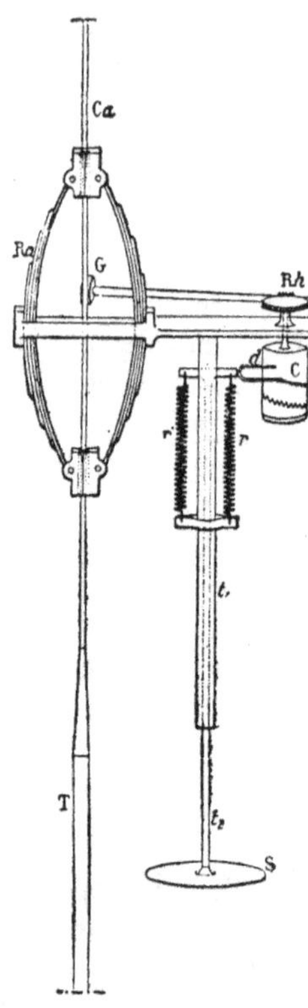

Fig. 3. — Vue schématique de l'appareil Eiffel.

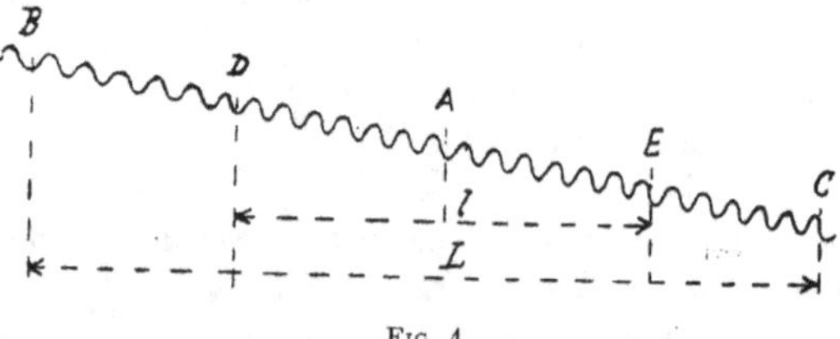

Fig. 4

le temps écoulé est égal à autant de fois $\frac{1''}{100}$ qu'il y a de vibrations marquées par le diapason.

Fig. 1. — *Vue prise au 2ᵉ étage de la Tour Eiffel avant la chute.*
(Une des parois est enlevée.)

Donc, les temps écoulés pour parcourir ces hauteurs de chute sont :

$$T = 10 \times \frac{1}{100} \text{ et } 20 \frac{1}{100} = \frac{1''}{10} \text{ et } \frac{1''}{5}.$$

La vitesse sensiblement constante dans ces parcours a comme expressions :

$$V = \frac{H}{T} = \frac{l \times 100}{\frac{1}{10}} \text{ et } \frac{L \times 100}{\frac{1}{5}} = 1000 \, l \text{ et } 500 \text{ L.}$$

Pour obtenir une valeur plus approchée, on peut prendre la moyenne de ces deux dernières. M. Eiffel serrait de plus près la solution, en prenant la moyenne des valeurs entre DE, BC, BD et EC.

*Calcul de l'accélération* $\dfrac{dv}{dt}$

A l'instant considéré, le disque est tombé d'une hauteur égale a H, diminuée de l'ordonnée $y$ du diagramme.

Donc

$$\frac{dv}{dt} = \frac{d^2H}{dt^2} - \frac{d^2y}{dt^2}$$

$\dfrac{d^2y}{dt^2}$ est négligeable devant $\dfrac{d^2H}{dt^2}$ : donc $\dfrac{dv}{dt} = \dfrac{d^2H}{dt^2}$

On pose

$$H = \frac{gt^2}{2} - at^3 - bt^4$$

d'où

$$\frac{d^2H}{dt^2} = g - 6\,at - 12\,bt^2 = g - 6 \times t\,(a + 2\,bt).$$

La valeur de la résistance devient donc :

$$R = f + p\left(1 - \frac{1}{g}\,\frac{d^2H}{dt^2}\right) = f + \frac{p}{g} \times 6t\,(a + 2\,bt).$$

On pose encore

$$\lambda = \frac{6}{g}\,(a + 2\,bt)$$

d'où

$$R = f + p\lambda t.$$

On détermine $\lambda$ en recherchant par la formule

$$H = \frac{gt^2}{2} - at^3 - bt^4$$

les valeurs des paramètres $a$ et $b$.

On tire :

$$a + bt = \frac{1}{t^3}\left(\frac{gt^2}{2} - H\right)$$

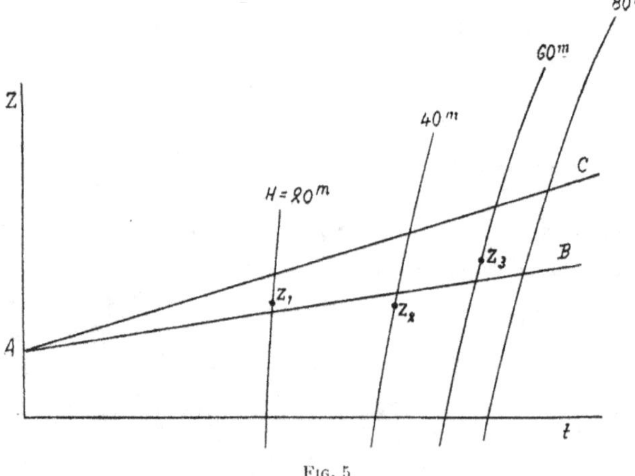


Fig. 5

et on écrit :

$$Z = \frac{1}{t^3}\left(\frac{gt^2}{2} - H\right)$$

Cette équation représente une famille de courbes que l'on construit pour différentes valeurs de H.

Sur les diagrammes de chute on mesure les valeurs $t_1$ $t_2$..... correspondantes aux valeurs de H.

On déduit les valeurs de $Z_1$ $Z_2$..... et on trace la droite AB passant le plus près possible de tous ces points.

Cette droite a comme équation $Z = a + bt$.

La droite AC passant par le point A et dont le paramètre est $2b$ fournira en ordonnées pour la valeur de $t$ les valeurs qui permettront de calculer $\lambda$ et par suite R.

M. Eiffel est arrivé à un chiffre moyen de $0^k075$, en ramenant ses expériences à la pression de $760\,^m/_m$ et à la température de 15°.

Cette méthode ainsi que celle qui utilise l'entrainement par véhicule obligent d'expérimenter en air calme, et comme ces conditions sont plutôt rares, ces expériences ne sont pas réalisables d'une manière permanente. L'entrainement par véhicule est cependant seul possible pour expérimenter des appareils de grandes dimensions : il a été appliqué à des essais d'hélices par le capitaine Dorand, à Chalais-Meudon.

Une application, de publication récente, a été faite également par M. de Gramont, duc de Guiche, dans le but de déterminer la répartition des pressions sur des plaques planes. Comme ces expériences sont postérieures à celles de M. Eiffel, il y a utilité à postposer leur compte rendu.


## Méthodes au point fixe


Les expériences en air calme peuvent se réaliser beaucoup plus aisément en place close par *manèges* ou par la *balance dynamométrique*.

Les premières expériences et les plus nombreuses d'ailleurs ont été effectuées au moyen de manèges.

Dans ces appareils, la force centrifuge entre en jeu et met l'appareil dans des conditions différentes de celles où se trouve un plan animé d'un simple mouvement de translation et constamment en contact avec de l'air neuf. Elles ne peuvent donc pas servir à déterminer la grandeur du coefficient K, mais servent très utilement à établir la comparaison entre des profils différents en les comparant au plan mince.

Toutes ces expériences sont rapportées dans l'ouvrage de M. Eiffel, *La Résistance de l'Air*. Nous ne pouvons que signaler les plus saillantes.


## Balance dynamométrique du colonel Renard


Elle se compose d'un long bras pouvant recevoir à ses extrémités les profils à essayer et tournant autour d'un axe horizontal mis en mouvement par une dynamo.

Cet ensemble est placé sur le fléau d'une véritable balance qui porte à ses extrémités des plateaux pouvant recevoir des poids.

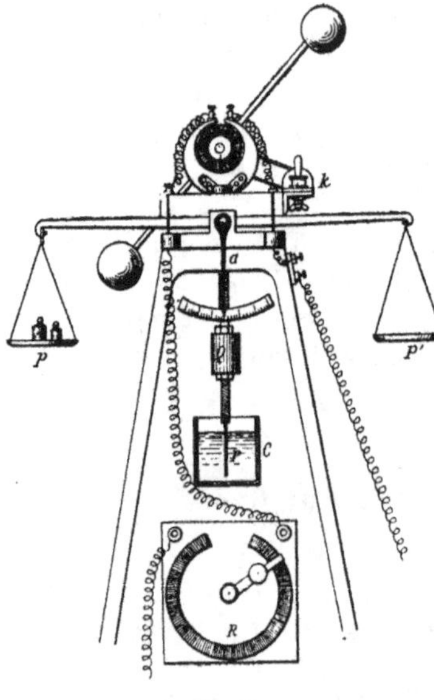

Fig. 6

Un contrepoids muni d'un index voyageant devant un secteur divisé, permet d'assurer à l'ensemble, la sensibilité d'une véritable balance. Ce contrepoids porte un amortisseur à lame plongeant dans un baquet d'eau ; le courant est amené à la dynamo par des godets à mercure.

Les bras sont munis des profils à essayer, disposés symétriquement ; on amène par des poids dans les plateaux, l'index au zéro ; puis on lance le courant dans la dynamo. Celle-ci donne lieu à un couple qui sert à vaincre le couple dû à la résistance de la partie mobile.

Le couple produit par la dynamo se transmet au fléau qui supporte l'ensemble et le fait pencher d'un côté ou de l'autre ; en plaçant des poids dans le plateau qui se relève, on ramène l'index au zéro. Le couple formé par ces poids additionnels mesure le couple de la dynamo.

En répétant la même expérience avec l'appareil à vide et en faisant la différence des deux mesures, on obtient la valeur du couple dû à la résistance opposée par le profil essayé ; on connaît le bras de levier de ce couple ; on déduit donc la force qui est égale et directement opposée à la résistance de l'air ; la vitesse de la dynamo étant connue, de même que la section du profil, l'équation $R = \gamma \, SV^2$ permet de trouver le coefficient $\gamma$.

En répétant la même expérience avec un plan mince de même section transversale, on obtient le coefficient K qui s'y rapporte et le rapport $\dfrac{\gamma}{K}$ donne la mesure en fonction de la résistance du plan mince, de la résistance du profil essayé.

C'est de cette manière que le Colonel Renard a obtenu les valeurs que nous avons reproduites plus haut, en parlant de l'influence de la section.

Cet appareil très sensible a l'avantage d'éliminer automatiquement les résistances dues au frottement de l'appareil mais à cause de l'influence de la force centrifuge, il ne peut servir qu'à faire des comparaisons de résistances de profils donnés.

Dans les méthodes qui précèdent, le profil est mis en mouvement en air calme et la résistance qui lui est opposée doit être enregistrée par des appareils soumis au même mouvement, sauf dans la balance dynamométrique du Colonel Renard.

Afin de mettre l'appareil à l'abri des secouses et de la force centrifuge et obtenir des mesures que l'on peut aisément contrôler, on a rendu fixe le profil à essayer et on l'a soumis à un courant d'air de vitesse donnée.

Deux méthodes ont été employées par quatre expérimentateurs de renom : la méthode par vent soufflé a été employée par M. Rateau et la méthode du tunnel par M. Riabouchinsky, M. Eiffel et M. Prandlt. Ils ont particulièrement appliqué ces méthodes à la recherche des pressions exercées par l'air dans l'attaque oblique sur plan mince et sur plaque courbe. La détermination du coefficient K a été obtenue comme cas limite des essais du plan mince.

## Méthode par vent soufflé

### Expériences de M. Rateau

M. Rateau a donné de son appareil la description suivante :

Le courant d'air est produit par un ventilateur hélicoïde V de $1^m20$ de diamètre actionné par un moteur à essence de 25 HP. Ce ventilateur souffle dans une chambre étanche C de $1^m60$ de côté, renfermant une cloison et un treillage en lattes de bois pour éviter les remous et rendre les filets d'air bien parallèles. La chambre se termine par une buse pyramidale B de 70 c/m de section à la sortie. La vitesse de l'air se mesure avec un tube de Pitot relié à un manomètre à eau : dans ces expériences, cette vitesse atteignait jusqu'à 35 mètres par seconde.

En avant de la buse est disposé un cadre A en bois aussi léger que possible et dont le poids est équilibré complètement par 2 plongeurs en tôle D, immergés chacun dans l'eau contenue dans un vase

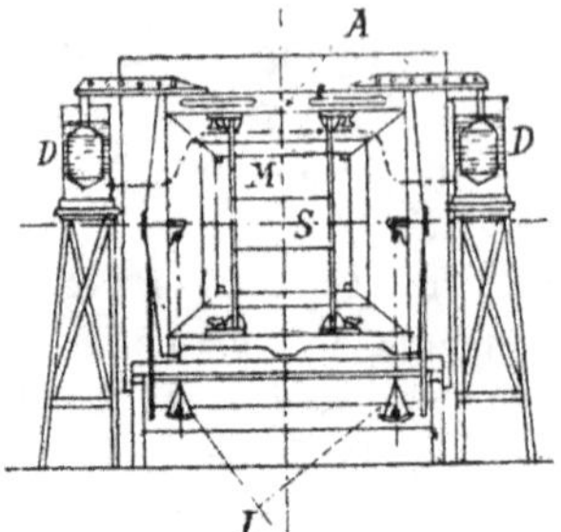

approprié. A mi-hauteur de 2 montants verticaux M, qu'on peut déplacer à l'intérieur du cadre, sont fixées deux plaques de tôle E pouvant être maintenues par des vis de pression dans une inclinaison quelconque. Ces plaques portent des pinces qui servent à fixer la surface expérimentée S dans une position déterminée par rapport au cadre.

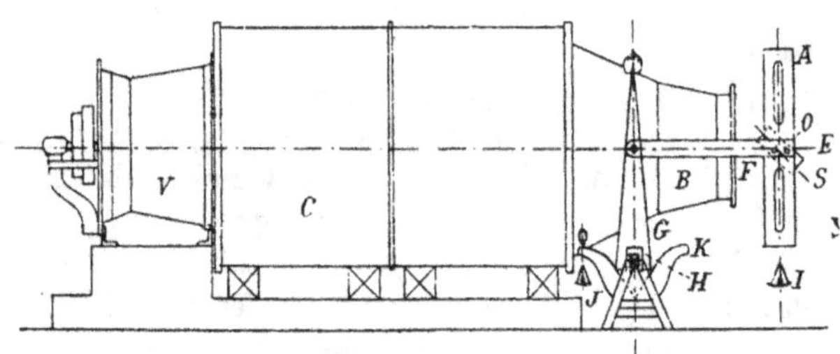

Fig. 7

L'air soufflé dans une direction sensiblement horizontale exerce sur la plaque une poussée totale qui donne lieu à une composante verticale de soulèvement et à une composante horizontale d'entrainement. L'appareil a été étudié de façon à faire simultanément la mesure de ces deux composantes.

A cet effet, le cadre est solidaire de deux bras horizontaux F (un de chaque côté), articulés à charnières avec deux bras verticaux G, montés sur couteaux H.

Dans chaque expérience, on équilibrait la poussée verticale en mettant des poids symétriquement dans des plateaux I suspendus au centre des bords latéraux du cadre, en dehors du courant d'air.

La poussée horizontale était mesurée en mettant des poids dans des plateaux J attachés à des fléaux horizontaux K reliés rigidement aux bras verticaux.

On avait soin naturellement de faire coïncider le centre de poussée sur la plaque, mise dans une inclinaison déterminée, avec le centre O du cadre, et il fallait, pour cela, préalablement rechercher par des expériences spéciales, la position du centre de poussée sur la plaque pour chaque inclinaison de celle-ci.

### Résultats des expériences de M. Rateau

M. Rateau a expérimenté deux plaques, l'une plane de $0^m50 \times 0^m30$ disposée le long côté face au courant et une plaque courbe de même dimension incurvée suivant le profil suivant. La tangente au bord d'attaque faisait un angle de 10° avec la corde: le rapport de la flèche à la corde était égal à 1/23. Ces plaques avaient $1^{m/m}25$ d'épaisseur et les bords étaient amincis en biseau.

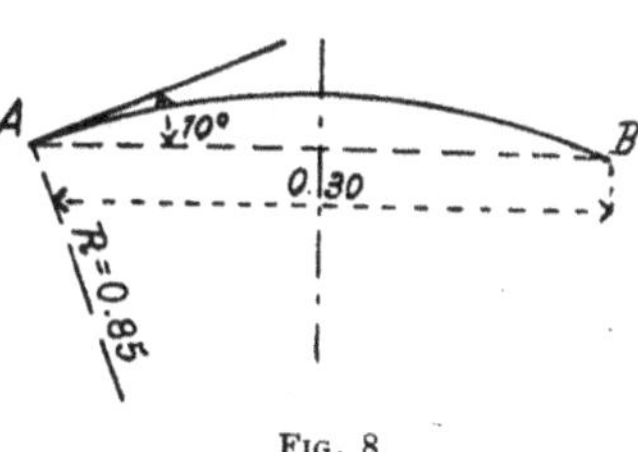



FIG. 8

Il a mesuré les poussées verticales et les poussées horizontales pour chaque inclinaison. Il a

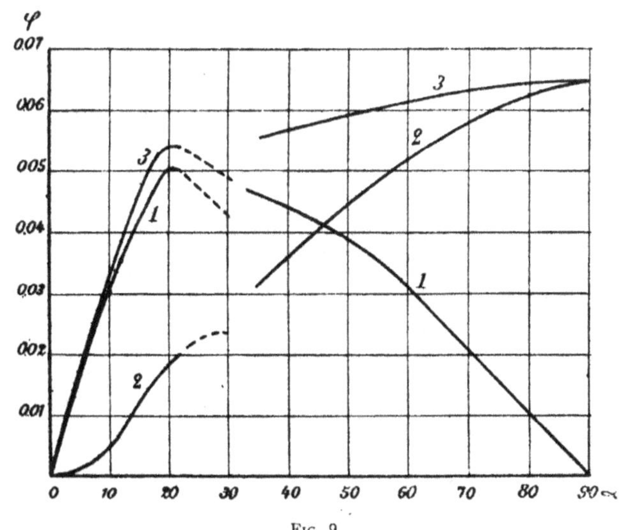

FIG. 9

exprimé ces poussées par les formules :

$$P_v = \varphi^v S V^2$$

$$P_h = \varphi h S V^2$$

analogues à celles du plan orthogonal et il a construit les diagrammes suivants en portant en ordonnées, les coefficients $\varphi_v$ et $\varphi_H$ et en abscisses, les angles d'inclinaison.

*Diagramme relatif à la plaque plane.* — La courbe 1 se rapporte à la poussée verticale ; la courbe 2 à la poussée horizontale et la courbe 3 à leur résultante.

M. Rateau fait remarquer qu'entre les inclinaisons de 30° et 35° les courbes s'interrompent, l'équilibre de la plaque devenant instable.

Il attribue la cause de cette instabilité au changement du régime d'écoulement de l'air le long de la plaque.

*Diagramme relatif à la plaque courbe.* — M. Rateau a porté en abscisses les angles $\alpha$ formés par la corde de l'arc avec la direction du courant.

Il a trouvé également pour cette plaque des régions où l'équilibre est instable.

Ce diagramme montre que le coefficient $\varphi_h$ ne s'annule plus et

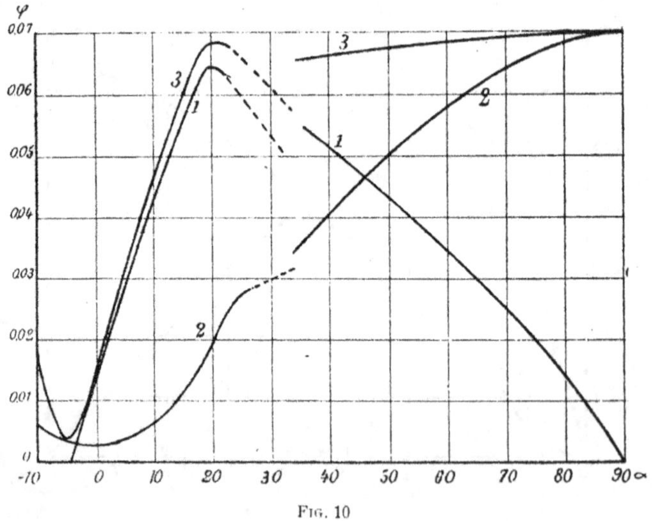

Fig. 10

que le coefficient $\varphi_v$ de la poussée verticale s'annule pour un angle α négatif, égal dans ce cas à 4°30′ correspondant à un relèvement de la plaque courbe.

M. Rateau a mis ce point spécialement en lumière en soumettant au courant d'air une plaque équilibrée du profil représenté *fig.* 11.

Cette plaque se relevait d'un angle de 13°50′ sur la direction du courant d'air et à ce moment seulement la poussée verticale devenait nulle.

M. Rateau a également effectué des expériences sur une plaque fusiforme dont le profil est représenté *fig.* 12.

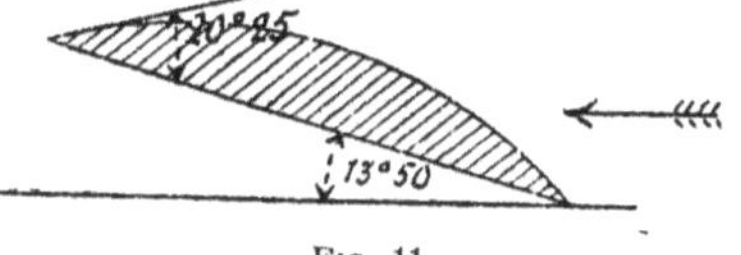

Fig. 11

Les dimensions de cette

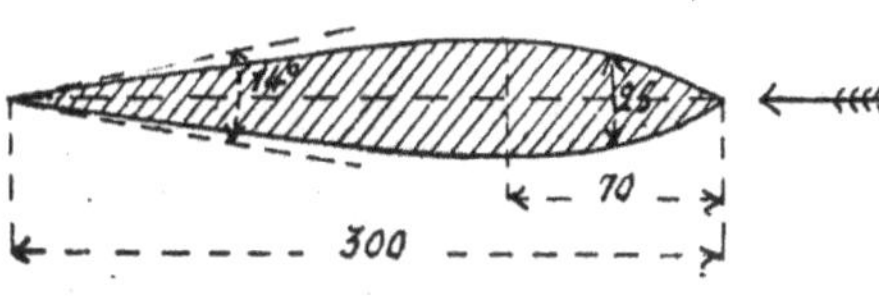

Fig. 12

plaque sont encore les mêmes que celle des plaques précédentes 0<sup>m</sup>50×0<sup>m</sup>30, le long côté et le gros bout diposés face au courant.

Le diagramme des valeurs relevées est indiqué *fig.* 13.

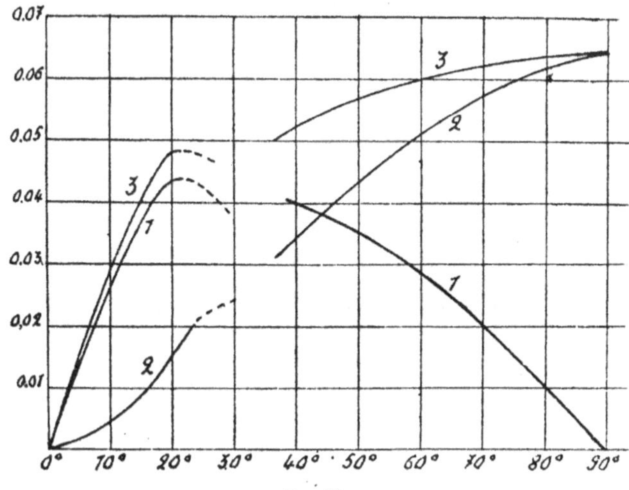

Fig. 13

*Recherche des centres de poussée.* — M. Rateau a fait la recherche des centres de poussée de la plaque plane et de la plaque à section fusiforme.

Le centre de poussée est le point d'application de la résultante : pour déterminer ce point, M. Rateau a opéré de deux manières qu'il contrôlait l'une après l'autre.

1° En premier lieu, il a présenté la plaque en la laissant pivoter autour d'un axe que l'on déplaçait le long de la plaque. Sous l'influence du courant d'air, la plaque prenait une position d'équilibre ; pour celle-ci le centre de poussée se trouvait évidemment sur l'axe.

2° En second lieu, il suspendait la plaque autour d'un axe placé à proximité de son bord antérieur, et chargeait la plaque de poids variables. Sous l'action de ces poids et du courant d'air auquel on la soumettait, la plaque prenait une certaine inclinaison d'équilibre. M. Rateau mesurait les poussées horizontales et verticales. Il lui suffisait d'écrire les équations d'équilibre de la poussée totale comme résultante des poussées mesurées et du poids de la plaque, en écrivant l'équation des moments par rapport à l'axe de suspension. L'inconnue était la distance de cet axe à la ligne d'action de la résultante : sa direction étant connue par celle de la diagonale du rectangle construit sur les composantes verticale et horizontale ; on pouvait tracer la ligne d'action de la poussée totale et déterminer son centre de pression.

Les valeurs observées sont représentées sur les graphiques ci-contre (*fig.* 14).

En ordonnées, M. Rateau a porté les angles d'inclinaison $z$ et en abscisses les distances du centre de poussée au bord d'attaque en pour cent de la largeur de la plaque.

M. Rateau a vérifié que le centre de poussée ne variait pas avec la vitesse du courant d'air, dans les limites où se sont faits ces essais. (30$^m$ par 1" vitesse maxima).

Entre 29° et 36° dans la plaque plane, il n'y a pas d'équilibre stable.

On remarque que dans les faibles inclinaisons, la variation de la position du centre de poussée est toute différente dans les deux plaques.

*Direction de la résultante.* — M. Rateau a porté également ses recherches sur la détermination de la direction que fait la poussée

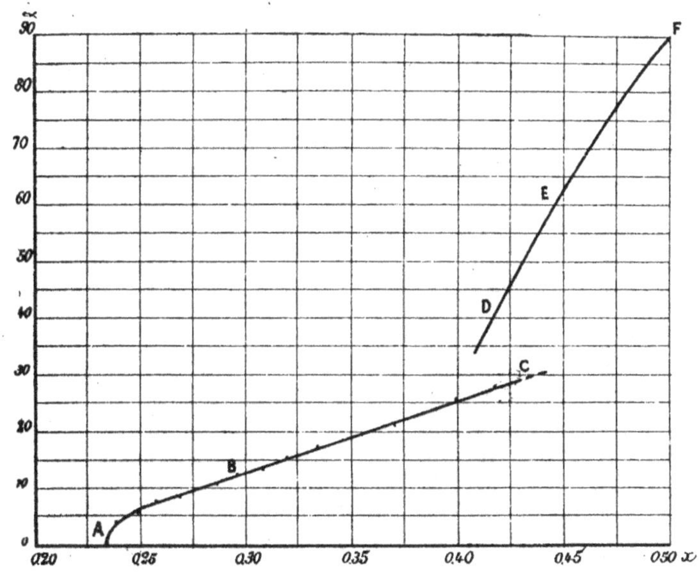


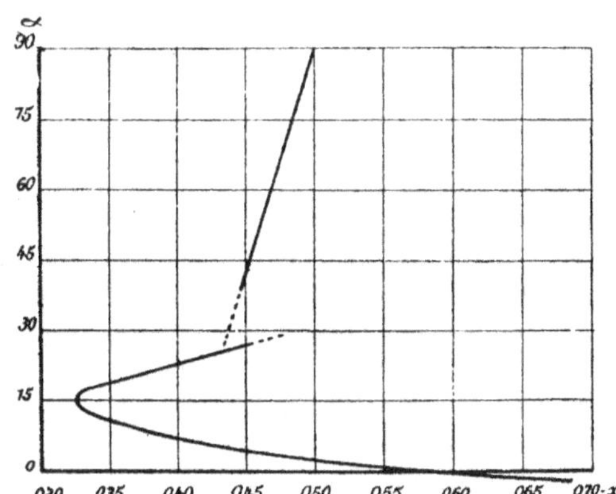

FIG. 14

totale avec la direction de la plaque, dans la plaque plane et la plaque de section fusiforme.

Connaissant les valeurs des composantes verticale et horizontale de la poussée, il est facile de déterminer son inclinaison. Celle-ci ne se confond pas avec la normale au plan moyen de la plaque mais penche tantôt d'un côté tantôt de l'autre.

Le diagramme n° 1 donne les angles que fait la poussée totale de la plaque plane avec cette normale pour les différentes incidences :

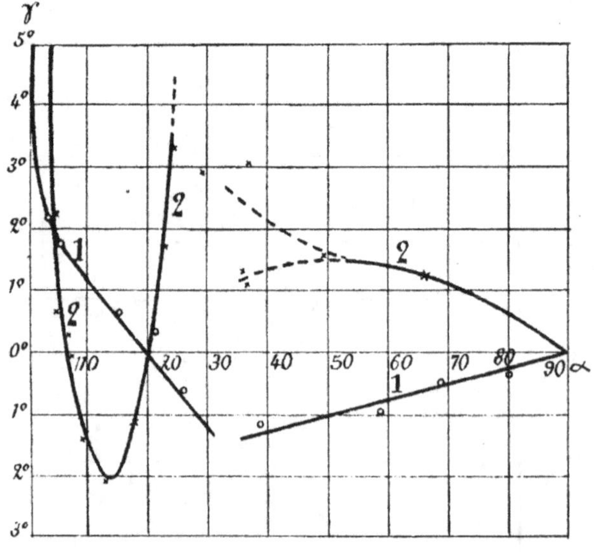

Fig. 15

sont indiqués positivement, les angles situés dans le sens du courant d'air à partir de la normale.

Ces angles correspondent donc à une composante qui constitu une résistance à l'avancement de la plaque ; celle-ci se produit dans les faibles incidences comme l'indique la courbe 1 qui se rapporte à la plaque plane. Au delà de 20° la résultante se renverse et donne lieu à une composante favorable à l'avancement. Ces variations traduisent l'influence du frottement de l'air.

La courbe n° 2 du même diagramme se rapporte à la plaque de section fusiforme.

Nous donnons pour finir ce chapitre, la reproduction des dia-

1
300
4
10
300
2
32
300
5
8
16
71
32 21
300
3
15
10
5
2.30
300
6
10
71
150
20
15
10
5
6
5
3
3
7
6
4
5
1
α 5 4 3 2 1 0 1 2 3 4 5 10 15 2

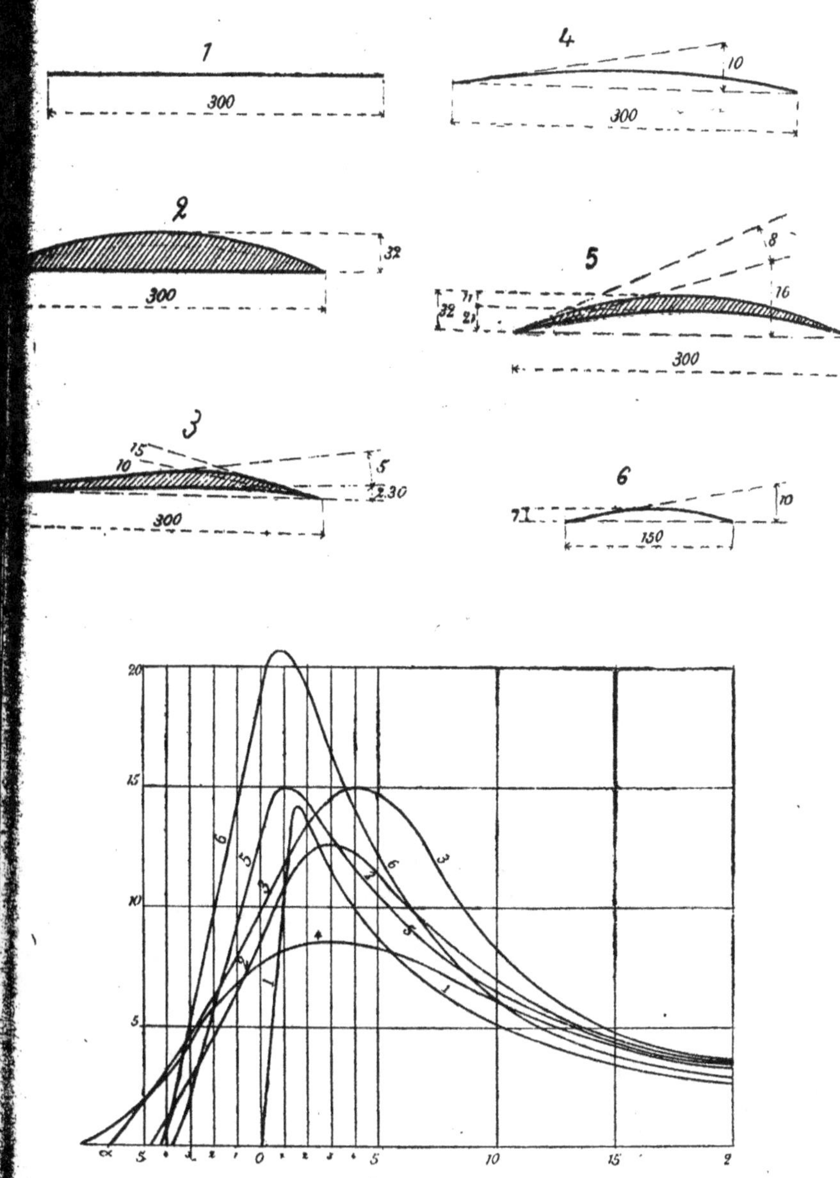

Fig. 16

grammes établis par M. Rateau avec des formes différentes d'ailes.

En ordonnées, il a porté le rapport $\dfrac{\varphi v}{\varphi h}$ et en abscisses, l'angle d'inclinaison.

## Méthode du tunnel
## de l'Institut aérodynamique de Koutchino

M. Riabouchinsky, directeur de cet Institut, un des plus remarquablement installés et qui a fourni à l'aérodynamique le plus de renseignements de tout genre, a fait installer un tube de 14$^m$50 de longueur sur 1$^m$20 de diamètre, à travers lequel l'air est aspiré par un ventilateur de 1$^m$00 de diamètre placé à l'une des extrémités du tube et actionné par un moteur électrique.

Des expériences préalables ont montré que le courant d'air était plus régulier quand le vent est aspiré que quand il est soufflé.

Après de nombreuses recherches, M. Riabouchinsky a constaté que cette régularité était la plus satisfaisante en faisant plonger, sur

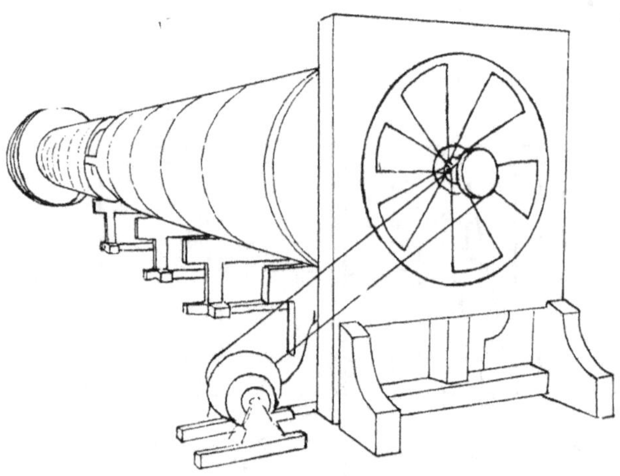

Fig. 17

une longueur de 1$^m$80, le bout de son tube dans une portion de cylindre de 2$^m$00 de diamètre et de 3$^m$50 de longueur; ce cylindre, placé concentriquement au tube d'expériences est fermé par un fond, de façon que l'air est aspiré par la section annulaire régnant entre les deux cylindres.

A ouverture libre, les variations de vitesses en différents points de la section du tube, par rapport à la vitesse moyenne mesurée au centre, s'élevaient jusqu'à 29 %.

La présence de cette coiffe cylindrique a fait descendre ce pourcentage de 3,6 % à 1,7 %.

Les modèles expérimentés sont placés au milieu du tube dont les parois sont munies de verres cylindriques au travers desquels on fait les observations. Une des viroles peut s'ouvrir pour donner accès à l'intérieur du tube et permettre de faire aisément l'installation des appareils.

La mesure de cette vitesse se faisait par anémomètre, mais aussi en fonction du nombre de tours du ventilateur. Les expériences préalables ont en effet montré que la vitesse moyenne de l'air restait très sensiblement proportionnelle à ce nombre de tours.

### Résultats d'expériences de M. Riabouchinsky

M. Riabouchinsky a soumis aux essais de poussées, des plaques planes et incurvées. Celles-ci étaient formées d'une même plaque d'aluminium de 1 $^m/_m$ 7 d'épaisseur et de surface égale à 0$^m$30 $\times$ 0$^m$10 dont les bords étaient amincis en biseau. Les plaques concaves s'obtenaient en courbant ces mêmes plaques planes.

M. Riabouchinsky a étudié les plaques dont le rapport de la flèche à la corde était $\dfrac{1}{\infty}$ (plaque plane), $\dfrac{1}{30}$ $\dfrac{1}{20}$ $\dfrac{1}{16}$ $\dfrac{1}{12}$ $\dfrac{1}{8}$ ; il a même essayé au $\dfrac{1}{30}$ une plaque bi-plane.

Malheureusement pour la comparaison des résultats obtenus avec ceux de MM. Rateau et Eiffel, M. Riabouchinsky a déterminé la valeur des poussées en fonction des formules suivantes :

$$P_y = K_y \, \Delta \, m \, SV^2.$$
$$P_x = K_x \, \Delta \, m \, SV^2.$$

ou $\Delta m$ est la masse d'un mètre cube d'air à la température et à la pression de l'expérience.

M. Riabouchinsky n'indiquait pas dans ses mémoires ces températures ni ces pressions; les valeurs qu'il obtient ne peuvent être rendues comparables numériquement à celles obtenues par MM. Rateau et Eiffel.

Nous reproduisons (fig. 18) les diagrammes qu'il a construits, en présentant les plaques le long côté face au courant et en étendant

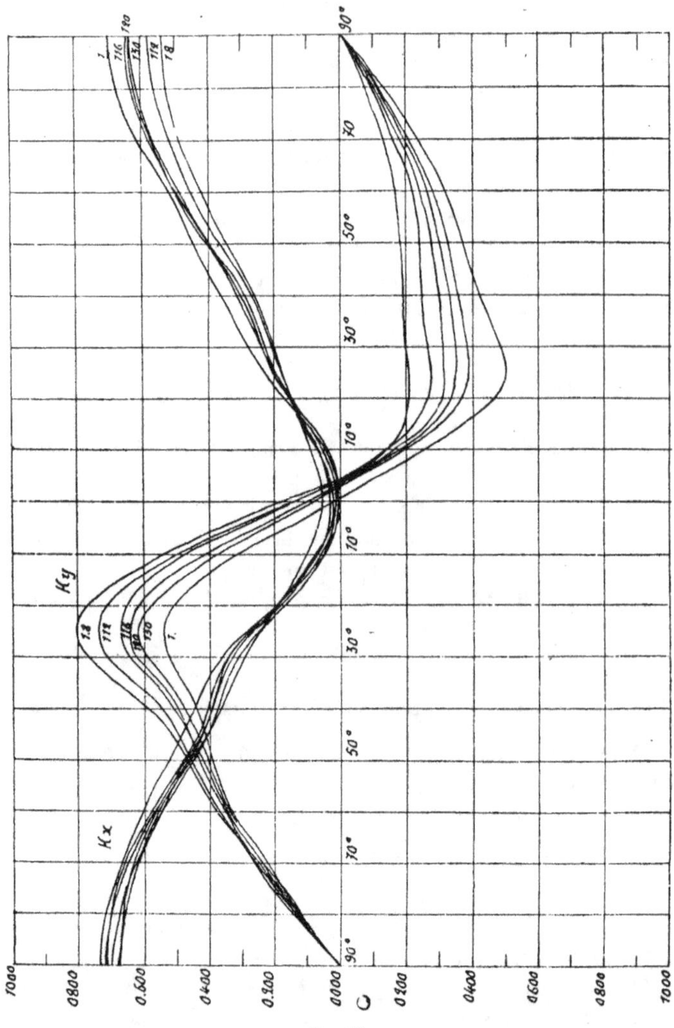

Fig. 18

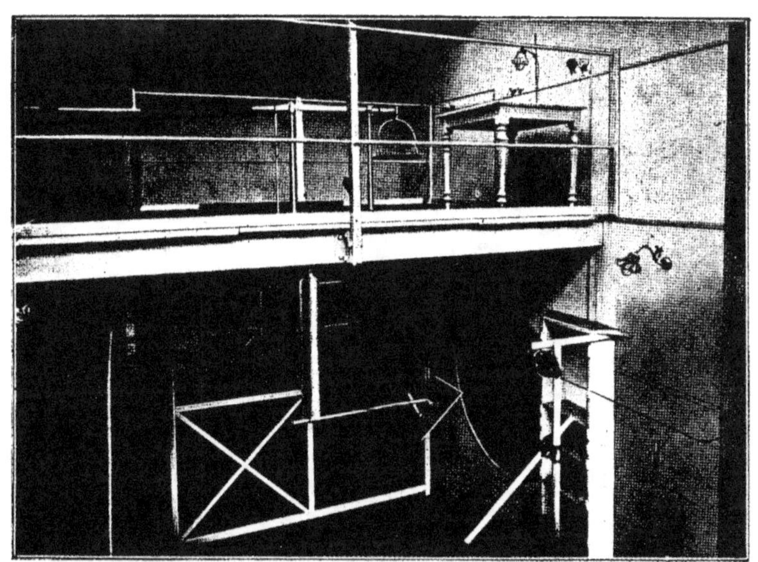

CHAMBRE D'EXPÉRIENCE

ses expériences sur une demi-révolution entière des plaques. La première partie des diagrammes correspond à l'attaque de l'air sur la face concave des plaques.

## Méthode de M. Eiffel

M. Eiffel a appliqué la méthode du tunnel avec des modifications profondes, permettant aux expérimentateurs l'accès permanent de la salle d'expériences.

L'aspiration de l'air se fait dans un hangar fermé, par un ajutage cellulaire $b$ : l'air passe dans un diaphragme en forme de nid d'abeilles, pour amener le parfait parallélisme des filets qui passent sur la plaque à essayer placée en S ; celle-ci est supportée par une balance aérodynamique $d$ qui permet à l'opérateur placé sur la plateforme $e$ de la chambre de faire, à l'abri du courant d'air, les mesures des poussées transmises par l'air à la plaque.

L'air quitte la salle d'expériences par une buselure tronconique qui l'amène à un puissant ventilateur V. Il est ramené dans le hangar M par le conduit latéral $ji$.

La vitesse du courant d'air peut passer de 5 à 20ᵐ par 1″ : on dispose à cet effet de deux ajutages $b$, l'un de 1ᵐ50 de diamètre, l'autre de 2ᵐ00.

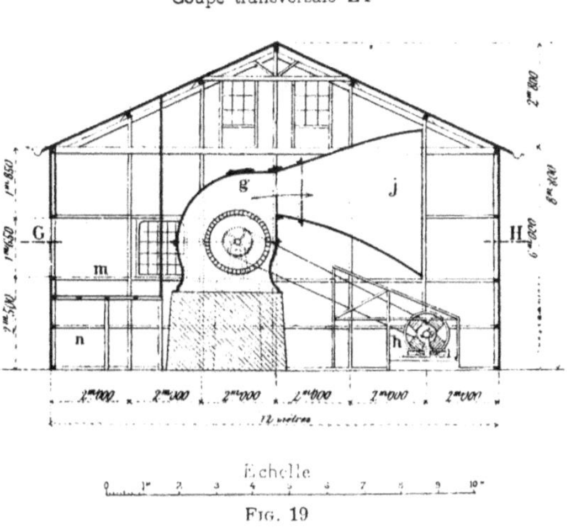



Fig. 19

Les vitesses de l'air se mesurent au moyen d'un manomètre donnant la dépression dans la chambre d'expériences ou par un tube de Pitot dont une des branches est dirigée normalement au courant d'air.

Ces mesures ont été contrôlées par des mesures faites au moyen d'anémomètres.

Coupe longitudinale **A B**

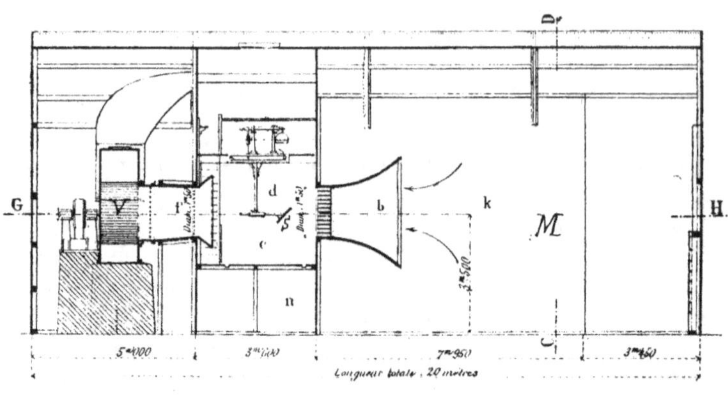

Coupe horizontale **G H**

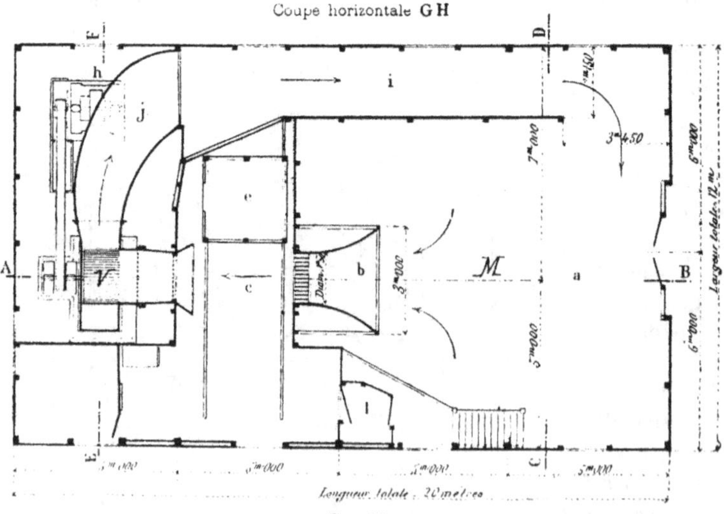

Fig. 19

*Balance aérodynamique.* — La plaque à essayer S est portée par bras horizontal C pouvant pivoter dans un manchon porté à l'extrémité d'une tige D. Celle-ci forme avec la plate-forme E, un châssis rigide qui peut prendre son point d'appui, par l'intermédiaire de couteaux, sur deux sièges fixes A et B.

La plate-forme E est reliée au fléau d'une balance K dont l'extrémité porte un plateau où on peut mettre des poids. Un excentrique

Elévation Coupe

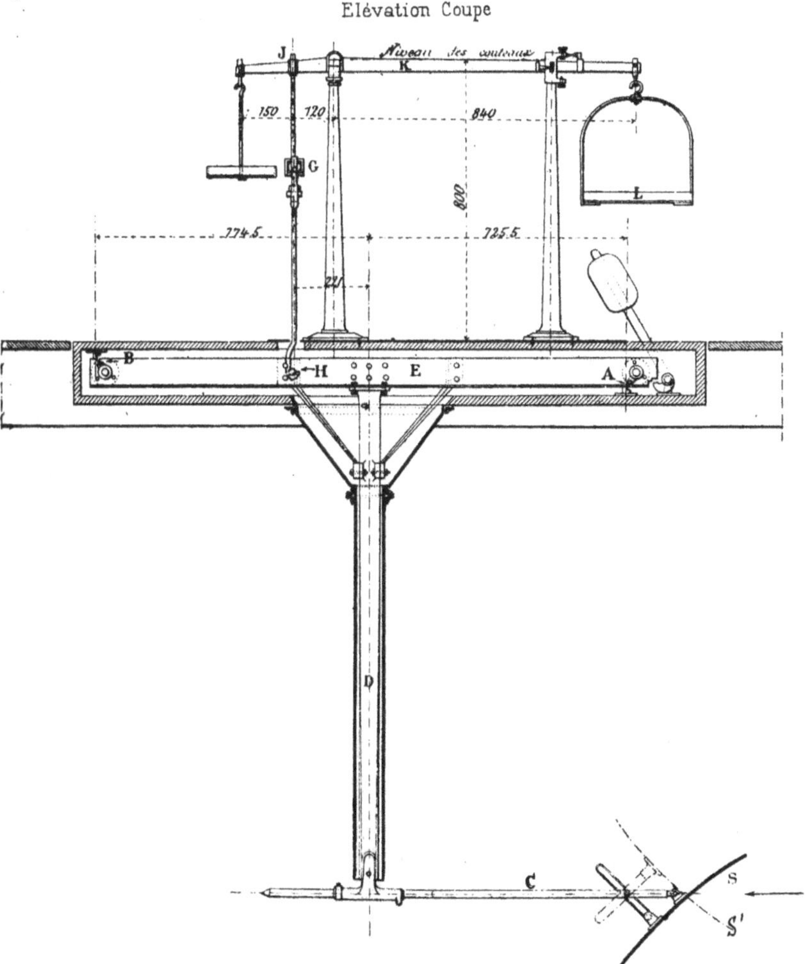


Fig. 20. — COUPE DE LA BALANCE DE M. EIFFEL

G placé sur la tige H permet de mettre les couteaux en contact avec les sièges A et B en relevant ou en abaissant le châssis.

La manœuvre d'une expérience se fait comme suit :

On établit le tarage de l'appareil, en le faisant porter successivement sur les deux sièges A et B, en air calme :

Soient $p_{0A}$ $p_{0B}$ les poids placés dans la balance.

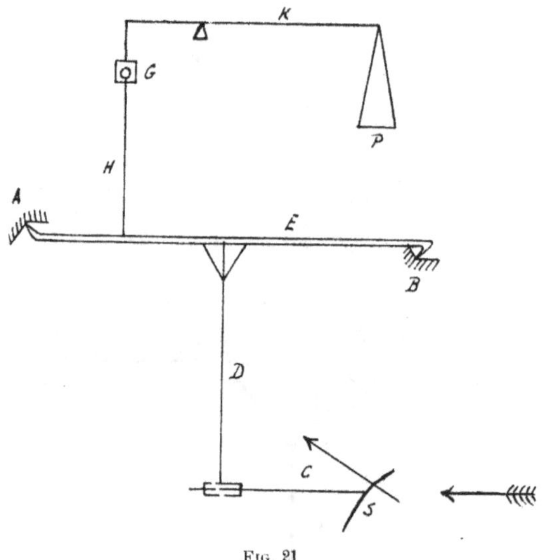

Fig. 21

On fait passer le courant d'air et on établit de même l'équilibre par des poids $p_{1A}$ $p_{1B}$.

On retourne la plaque S de 180° : on place les couteaux sur B et on établit encore l'équilibre par un poids $p_{2B}$.

Les dénivellations du tube de Pitot ont été également enregistrées : elles sont $h_{1A}$ $h_{1B}$ $h_{2B}$.

*Détermination de la poussée totale.* — Construisons le schéma de l'appareil avec l'indication des dimensions et soit $R_i$ la poussée totale qui s'exerce sur la plaque.

1° On établit l'équilibre sur A et B en air calme.

Les forces qui agissent sur l'appareil sont la charge Q appliquée au centre de gravité G de l'ensemble et la force F exercée sur la tige de suspension par le poids P.

On aura donc comme équations d'équilibre :

$$Q \times \delta = F_{0A} \times d \qquad Q \times \delta_1 = F_{0B} \times d_1.$$

2° Le courant est établi.

Aux deux forces précédentes s'ajoute la poussée totale $R_i$.

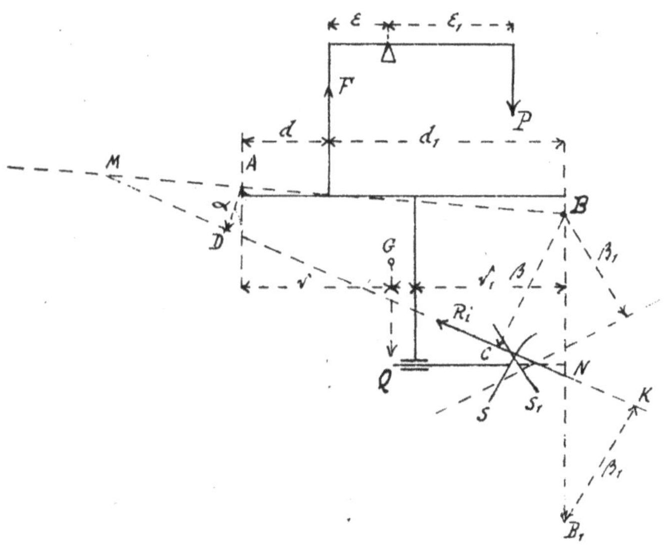

F<sub>IG</sub>. 22

Donc on aura :

$$Q \times \delta + R_i \times \alpha = F_{1A} \times d \qquad ; Q \times \delta_1 + R_i \times \beta = F_{1B} \times d_1.$$

Soustrayant de ces équations les précédentes, il vient :

$$R_1 \times \alpha = (F_{1A} - F_{0A})\, d \qquad R_i \times \beta = (F_{1B} - F_{0B})\, d_1$$

3° La balance est équilibrée sur le siège B et la plaque est renversée.

La poussée totale reste la même, mais sa direction est également renversée ; son bras de levier devient $\beta_1$ et l'équation d'équilibre peut s'écrire :

$$R_i \times \beta_1 = (F_{2B} - F_{0B})\, d_1.$$

La distance $\beta_1$ se mesure également en abaissant du point $B_1$ symétrique de B la perpendiculaire sur la direction primitive de $R_i$.

D'autre part, on a d'une manière générale :

$$F \times \varepsilon = p \times \varepsilon_1$$

d'où

$$F = \frac{\varepsilon_1}{\varepsilon} \times p = np$$

Les équations précédentes pourront donc s'écrire :

$$R_i \times \alpha = (p_{1A} - p_{0A})\, n \times d \qquad (1)$$
$$R_i \times \beta = (p_{1B} - p_{0B})\, n \times d_1 \qquad (2)$$
$$R_i \times \beta_1 = (p_{2B} - p_{0B})\, n \times d_1 \qquad (3)$$

Ces équations se combinent avec une méthode graphique pour déterminer la poussée totale $R_i$ sa direction et son point d'application.

En effet, si on prolonge $R_i$ jusqu'à sa rencontre avec la droite AB, les triangles semblables MBC et MAD ; NBC et $NB_1K$ donnent :

$$\frac{MA}{MB} = \frac{\alpha}{\beta} \quad \text{ou} \quad \frac{MA}{AB} = \frac{\alpha}{\beta - \alpha}$$

$$\frac{NB}{NB_1} = \frac{\beta}{\beta_1} \quad \text{ou} \quad \frac{NB}{BB_1} = \frac{\beta}{\beta_1 + \beta}$$

Les équations (1), (2) et (3) fournissent les valeurs des rapports $\frac{\alpha}{\beta}$ et $\frac{\beta}{\beta_1}$ et par conséquent $\frac{\alpha}{\beta - \alpha}$ et $\frac{\beta}{\beta + \beta_1}$.

Les points M et N peuvent être déterminés et la ligne MN construite.

On mesure ensuite les longueurs des bras de levier $\alpha$, $\beta$ et $\beta_1$ et l'une de ces équations fournit la valeur de $R_i$.

Le point de rencontre de cette résultante avec la plaque donnera son point d'application.

*Remarque.* — Pour que les formules puissent être combinées, il faut évidemment que les expériences soient effectuées dans des conditions constantes de vitesse et de pression. Ces conditions sont difficilement réalisées : on établit la correction de la manière suivante :

Les indications du tube de Pitot sont proportionnelles au carré de la vitesse ; la poussée totale l'est également.

Si donc $R'_i$ et H sont respectivement la poussée totale et la dépression du tube de Pitot pour une vitesse $V = 10^m$ par $1''$ et à $760\,^{m/m}$, $R_i$ et $h$ étant les valeurs mesurées, on aura

$$R'_i = R_i \, \frac{H}{h}$$

Donc les équations (1), (2) et 3 s'écriront :

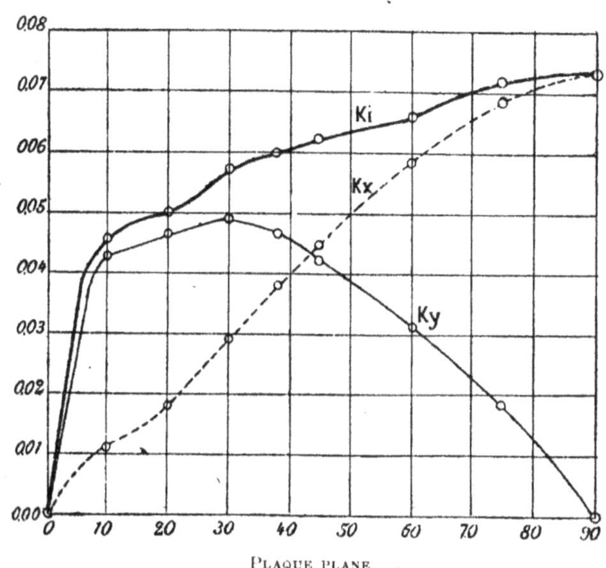


PLAQUE PLANE

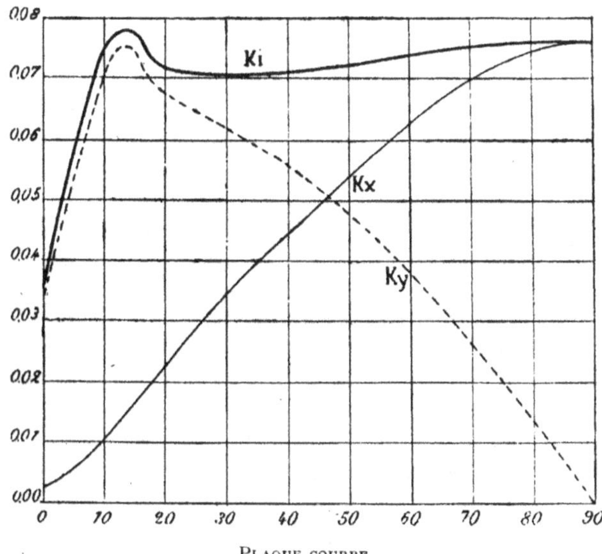


PLAQUE COURBE

FIG. 23

$$R'_i \times \alpha = (p_{1A} - p_{0A}) \frac{H}{h_{1A}} \, n . \, d$$

$$R'_i \times \beta = (p_{1B} - p_{0B}) \frac{H}{h_{1B}} \, n \, d_1$$

$$R'_i \times \beta_1 = (p_{1B} - p_{0B}) \frac{H}{h_{2B}} \, n \, d_1$$

Ce seront ces équations qui serviront à la construction de la droite MN.

La poussée totale peut être aussi calculée.

### Résultats d'expériences de M. Eiffel

M. Eiffel a fait porter ses expériences sur deux plaques, l'une plane de 0ᵐ85 $\times$ 0ᵐ15, l'autre de 0ᵐ90 $\times$ 0ᵐ15 courbée parallèlement à sa longueur de façon à réaliser un rapport de la flèche à la corde égal au 1/13.5.

L'angle de la corde et des tangentes aux bords de la plaque était de 16°.

A la suite de ses expériences, M. Eiffel a dressé les diagrammes qui précèdent (*fig.* 23).

M. Eiffel désigne par $K_y$ et $K_x$ les efforts unitaires semblables aux coefficients $\varphi_v$ et $\varphi_H$ adoptés par M. Rateau.

La courbe $K_1$ représente la poussée totale.

Les abscisses du diagramme de la plaque courbe sont les angles d'inclinaison de la corde de l'arc avec la direction du courant d'air.

M. Eiffel fait remarquer que la plaque courbe présente un maximum qui a lieu pour un angle de 16° environ, c'est-à-dire pour la position où le bord d'attaque est dans la direction du vent. La courbe redescend ensuite légèrement puis le coefficient demeure pratiquement constant jusque 90°.

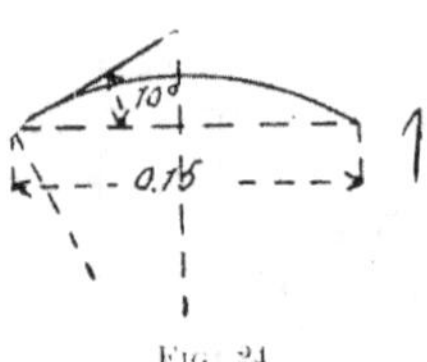


Fig. 24

*Comparaison de la plaque plane et de la plaque courbe.* Pour faire cette comparaison, M. Eiffel a imaginé de construire les diagrammes en portant en abscisses les coefficients $K_x$ et en

ordonnées les coefficients $K_Y$ : les coefficients $K_i$ de la poussée
totale se mesurent sur les vecteurs résultants : chaque construction
est accompagnée de l'indication de l'angle d'inclinaison : une divi-
sion angulaire du diagramme permet d'apprécier la valeur de l'inclinaison réelle de la poussée totale.

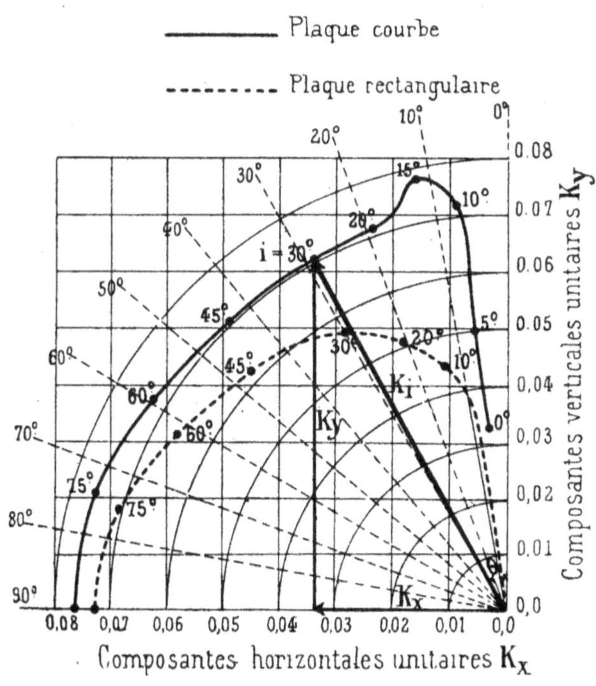



FIG. 25

M. Eiffel a fait, dans le diagramme ci-dessus, la comparaison
de la plaque plane et de la plaque courbe et ce diagramme montre
que pour une résistance à l'avancement donnée c'est la plaque
courbe qui fournit le plus grand effort sustentateur.

*Détermination du centre de poussée.* M. Eiffel a déterminé le
centre de poussée des deux plaques par le moyen de la balance.

Il a vérifié ces résultats en se servant du procédé employé également par M. Rateau et consistant à laisser la plaque s'orienter
librement.

Il a construit pour représenter les positions de ces centres des

diagrammes polaires. La courbe en traits pleins s'applique à la
plaque courbe et celle en pointillé à la plaque plane.

La différence, surtout dans les faibles inclinaisons est très sensible. M. Eiffel fait remarquer que les positions d'équilibre de la

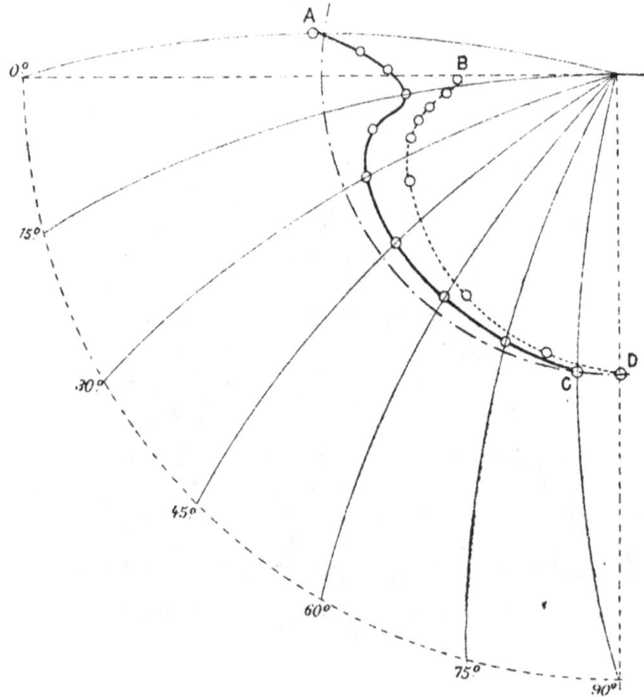


Fig. 26

plaque courbe frappée sur sa face concave sont instables pour les
angles inférieurs à 16° et stables pour les autres angles ; pour la plaque frappée sur sa face convexe, toutes les positions d'équilibre
observées sont stables.

Les centres de poussée indiqués par M. Eiffel se trouvent
aux points d'intersection de la poussée totale avec la plaque elle-
même, tandis que M. Rateau les considère à la rencontre avec
la corde qui unit les extrémités de la plaque.

## Expériences manométriques de M. Eiffel

M. Eiffel a complété ses remarquables expériences sur des plaques planes et courbes par des expériences manométriques, afin de rechercher la part d'influence de la pression sur la face concave de la plaque et de la dépression exercée sur la face dorsale et déterminer la répartition des pressions sur les différents points des plaques.

A cet effet, celles-ci étaient forées de nombreux trous, dans lesquels on vissait un écrou affleurant la face expérimentée et percé en son centre d'un trou de 1/2 milimètre ; la face opposée à l'écrou était reliée à un manomètre indiquant les pressions et dépressions en milimètres d'eau.

Toutes les parties des plaques ont été ainsi explorées les unes à la suite des autres. La totalisation de ces pressions prises isolément a servi de contrôle à la mesure de leur résultante mesurée à la balance.

Tous les résultats ont été ramenés à ce qu'ils auraient été pour une vitesse de $10^m$ par $1''$.

Nous reproduisons les graphiques établis par M. Eiffel donnant la répartition des pressions sur la face impulsive et des dépressions sur la face dorsale de la plaque plane et de la plaque courbe.

Ces pressions sont indiquées en milimètres d'eau ; elles sont reportées dans les sections moyennes sur les normales à la corde ; elles sont tracées sous forme de lignes d'égale pression sur les faces de la plaque.

Ces expériences sont certainement des plus intéressantes et des plus instructives. Elles sont reproduites planches 1 et 2.

M. Eiffel fait remarquer d'une manière générale que pour les petits angles (de 0° à 20°) l'effort de l'air sur la plaque est surtout dû à la forte dépression qui se produit à l'arrière. C'est dans le voisinage du bord d'attaque que ces phénomènes de compression et de dépression sont les plus accentués.

Pour les angles de 0° à 20°, la dépression à l'arrière est également très forte dans le voisinage des bords latéraux.

Tous ces efforts vont en s'atténuant beaucoup à mesure que l'on se rapproche du bord de sortie.

Pour les plaques fortement inclinées, la dépression à l'arrière tend à devenir uniforme sur toute l'étendue de la surface. Quant à la pression à l'avant, elle devient de moins en moins irrégulière à mesure que la plaque se rapproche de la normale au vent.

Une autre conclusion tirée par M. Eiffel est qu'il faut se garder d'étendre à toute la plaque les résultats obtenus dans la section médiane, surtout dans les inclinaisons de 10° à 20°.

## Expériences sur des plaques d'allongements différents

M. Eiffel a donné également connaissance d'expériences effectuées sur des plaques rectangulaires de dimensions linéaires différentes. Les dimensions de ces plaques sont indiquées au-dessus des diagrammes. (*Fig.* 27).

Ceux-ci sont tracés en prenant comme ordonnées les rapports $\dfrac{K_i}{K_{90}}$ entre l'effort unitaire sur une plaque inclinée et l'effort unitaire de la même plaque normale au vent.

M. Eiffel a désigné par $n$ l'allongement de la plaque, c'est-à-dire le rapport entre son envergure et sa profondeur.

Ces diagrammes mettent en évidence une particularité remarquable.

C'est la présence d'un maximum qui pour la plaque carrée dépasse de 45 % la poussée sur la plaque normale.

Ce maximum se produit pour une inclinaison de 35°. M. Eiffel a vérifié ces mesures par la méthode manométrique et il a constaté qu'aux environs de 35° la pression à l'avant est 2 fois plus faible que sur la plaque normale mais que la dépression à l'arrière, en revanche, était trois fois plus forte.

Ces maxima s'atténuent pour des plaques allongées dans un sens ou dans l'autre et ils disparaissent tout à fait pour la plaque dont l'allongement est $n = 9$.

D'autre part, les coefficients angulaires des courbes à l'origine augmentent avec l'allongement et entre 0° et 8° on peut représenter ces courbes par la formule pratique.

$$\frac{K_i}{K_{90}} = \left( 3,2 + \frac{n}{2} \right) \frac{i}{100}$$

$n$ étant l'allongement.

$i$ l'inclinaison en degrés.

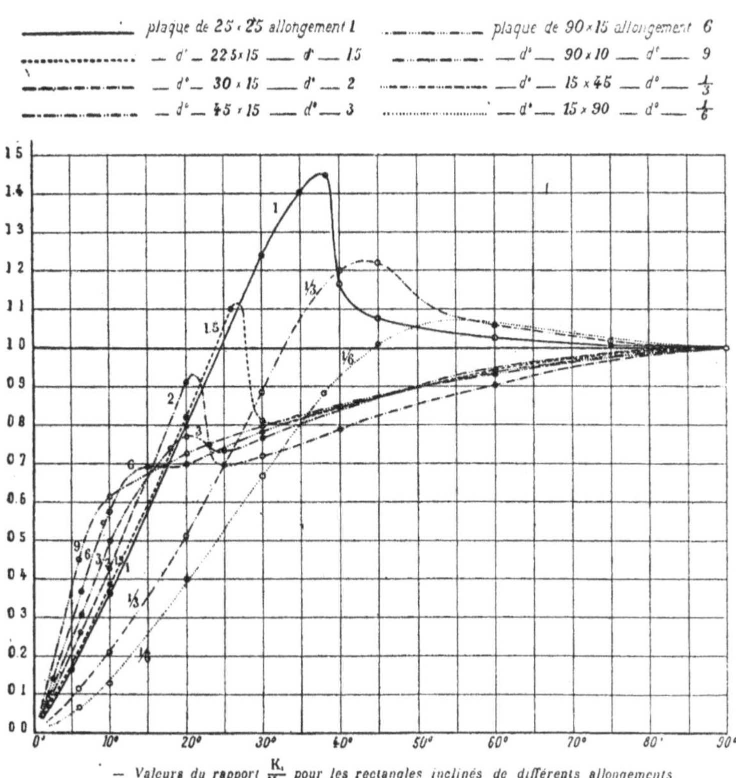



— Valeurs du rapport $\dfrac{K_i}{K_{90}}$ pour les rectangles inclinés de différents allongements

Fig. 27

Le diagramme (*fig.* 28) donne les centres de poussée au bord d'attaque, ces distances étant exprimées en fonction de la largeur de la plaque.

Pour les plaques les plus allongées, le centre de poussée se déplace d'abord à partir du centre de la plaque, puis rapidement depuis 15° à 20° et aboutit dans les environs du 1/4 de la plaque.

Avec les plaques à petite envergure les déplacements rapides se font aux inclinaisons comprises entre 60° et 40°. La plaque carrée donne une variation intermédiaire.

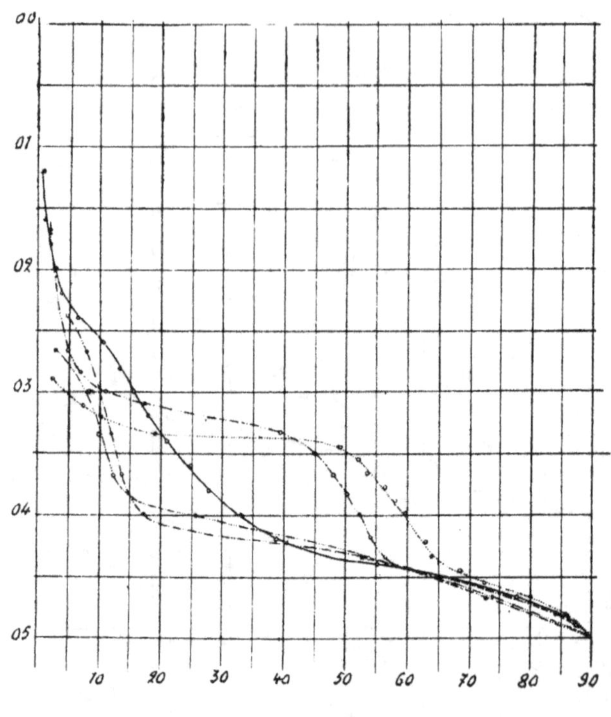



Fig. 28

## Expériences sur des plaques de courbures différentes

M. Eiffel a expérimenté trois plaques ayant comme dimensions linéaires $0.90 \times 0.15$, mais incurvées suivant des arcs de cercles dont les flèches « rapport de la flèche à la corde » était respectivement $\dfrac{1}{27}$, $\dfrac{1}{13.5}$, $\dfrac{1}{7}$ et il a reporté les résultats obtenus, en y ajoutant ceux de la plaque plane de mêmes dimensions, sur un diagramme polaire reproduit dans la figure 29.

On constate que le coefficient de sustentation $K_y$ s'accroît avec la

flèche : mais au point de vue de l'utilisation pratique, on doit
considérer sa valeur relative par rapport au coefficient de la traînée

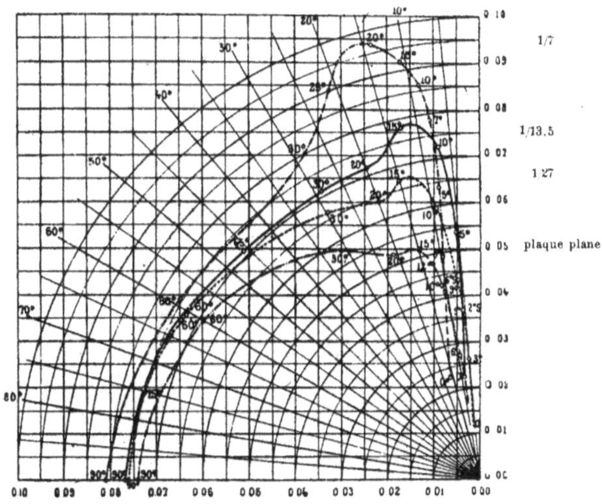



Fig. 29

$K_x$ ; cette utilisation sera d'autant meilleure que le rapport $\dfrac{K_x}{K_y}$
sera plus petit.

Mais $\dfrac{K_x}{K_y} = tg\ \theta$ ; $\theta$ étant l'angle formé par la direction du coefficient résultant $K_i$ ou de la direction de la poussée totale qui lui
est parallèle, avec la verticale.

La figure 30 groupe les valeurs de ces rapports $\dfrac{K_x}{K_y}$ sur un diagramme dont les abcisses sont les angles d'inclinaison et dont les
ordonnées sont, d'une part, les valeurs des rapports $\dfrac{K_x}{K_y}$ ou $tg\ \theta$. et
d'autre part, les angles $\theta$ eux-mêmes.

Il en résulte que si l'on trace la droite à 45° qui reporte en ordonnées les valeurs des angles d'inclinaison $i$ de la corde des plaques
avec le vent, les différences d'ordonnées mesurent à l'échelle des
angles, les angles, $\theta - i$, formés par la direction de la poussée
totale avec la normale à la courbe. Ces angles sont tantôt positifs
tantôt négatifs, ce qui signifie que la composante tangentielle de la

poussée totale est tantôt contraire, tantôt favorable à l'avancement de la plaque.

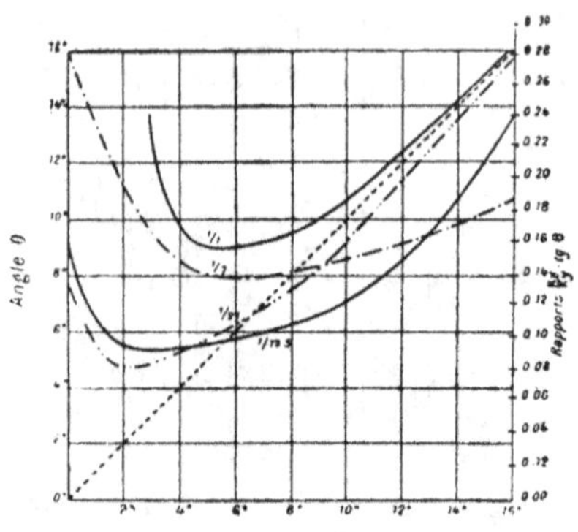

Fig. 30

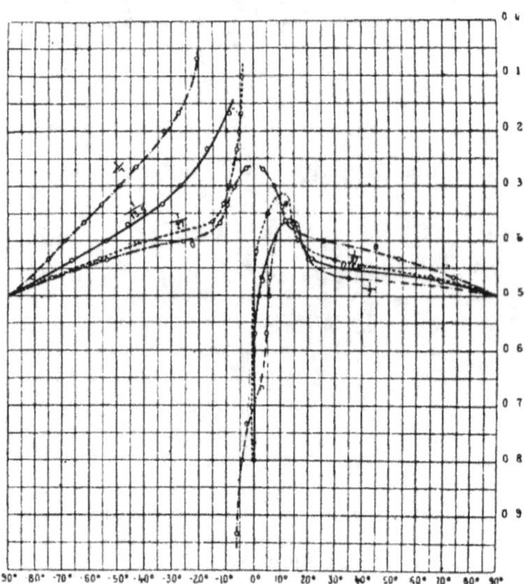

Fig. 31

Ce diagramme montre que la plaque de flèche $\dfrac{1}{13,5}$ fournit la meilleure utilisation et que cette plaque convient le mieux pour profiler *circulairement* une aile d'aéroplane.

*Centres de poussée.*

Nous reproduisons dans la figure 31, les courbes de variations des centres de poussée des mêmes plaques, dans l'espace d'une demi-révolution.

Dans la plaque plane, le centre de poussée se rapproche exclusivement du bord d'attaque, tandis que dans les plaques courbes, il passe d'un point voisin de ce bord, quand la plaque est attaquée par sa face concave, en un point plus rapproché de son bord de sortie, quand l'air frappe la face convexe ; entre ces deux positions, se trouve une zone d'instabilité.

## Expériences sur des plaques courbes d'allongements différents

M. Eiffel a étudié également l'influence de l'allongement sur des plaques courbes. Il a employé des plaques de dimensions identiques à celles des plaques planes citées plus haut mais courbées circulairement avec une flèche de $\dfrac{1}{13,5}$ . Il a également construit les diagrammes des valeurs du rapport $\dfrac{K_i}{K_{90°}}$ . Ces diagrammes sont reproduits (*fig.* 32). On voit que la courbure, si faible qu'elle soit, a pour effet de remonter les courbes et d'augmenter les valeurs des maxima d'environ 15 % en moyenne. Pour la plaque carrée, l'augmentation de résistance par rapport à la plaque normale atteint 68 % au lieu de 45 % pour la même inclinaison ou à peu près.

## Expériences sur des plaques parallèles

Nous résumons ci-dessous les conclusions qui se dégagent des expériences que M. Eiffel à faites sur des plaques pleines et en treillis placées l'une devant l'autre dans la direction du vent et sur des surfaces placées l'une au-dessus de l'autre, formant des systèmes biplans.

4

1. En opérant sur *deux disques* de 0,30 de diamètre placés l'un derrière l'autre, la pression qui s'exerce sur l'ensemble des deux disques est plus faible que la pression qui s'exercerait sur un disque unique. Cette diminution va en s'accentuant, jusqu'au moment où

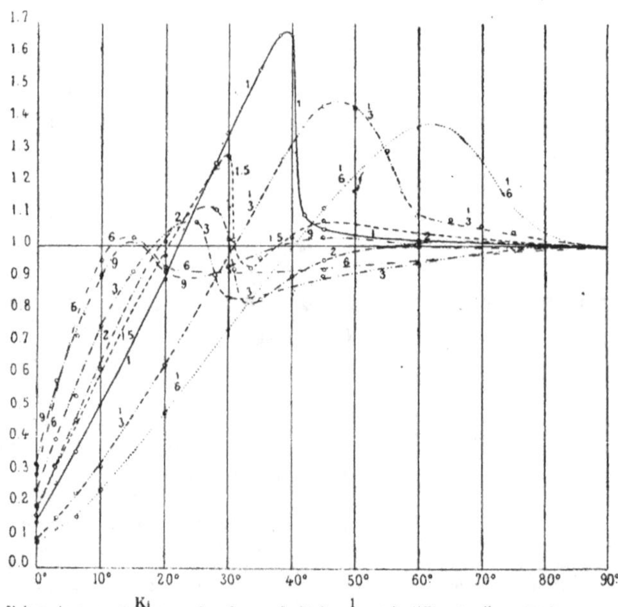

Valeur du rapport $\dfrac{K_i}{K_{90}}$ pour des plaques de flèche $\dfrac{1}{13,5}$ et de différents allongements.

| Plaque de 25×25, allongement 1 | | Plaque de 90×15, allongement 6 |
|---|---|---|
| — 30×20, — 1,5 | | — 90×10, — 9 |
| — 30×15, — 2 | | — 15×45, — 1/3 |
| — 45×15, — 3 | | — 15×90, — 1/6 |

Fig. 32

les disques sont distants l'un de l'autre, d'une longueur égale à **1,5** fois le diamètre. Ce fait, en apparence étrange, est dû à la création d'une dépression entre les deux disques qui attire le disque arrière vers le disque avant.

Cette dépression s'annule quand l'écartement des disques est porté à **2.5** fois le diamètre : la pression redevient à ce moment égale à la pression sur un disque isolé, mais il n'atteint une valeur double, que quand les deux disques sont fortement écartés.

Des expériences effectuées sur des *plaques rectangulaires* ont conduit à des résultats semblables.

M. Eiffel signale une application intéressante dans le cas d'un cycliste entraîné par une motocyclette qui le précède.

2. Deux *treillis rectangulaires* donnent lieu à un phénomène analogue, mais l'effet de protection est beaucoup moins sensible que dans le cas de plaques pleines.

3. Dans un système biplan formé de deux plaques superposées de flèches égal à 1/13,5 et pour des inclinaisons comprises entre 6° et 10°, les poussées sont réduites par rapport à ce qu'elles seraient sur un monoplan de surface totale, respectivement de 0,74, 0,77, et 0,82 lorsque l'écartement des surfaces est égal aux 2/3, à une fois et aux 4/3 de la largeur des surfaces.

La traînée semble d'autre part, rester la même pour le biplan que pour le monoplan, abstraction faite des résistances des tiges.

M. Eiffel a effectué également des essais sur des corps pleins de formes différentes et a montré que le coefficient K de résistance variait dans de très grandes limites suivant la forme du corps.

Ces résultats sont analogues à ceux obtenus par le colonel Renard et rappelés au début de ce travail. M. Eiffel a montré de plus que l'accroissement de longueur d'un cylindre ne pouvait pas dépasser 4 fois le diamètre sans courir le risque d'augmenter la résistance due à la prépondérance du frottement.


## Expériences de M. Prandlt


M. Prandlt a fait des essais sur des plaques inclinées d'envergures différentes, sur des plaques courbes dont la flèche et l'envergure étaient variables, sur la résistance de modèles de carènes et sur la pression qu'elles supportent, sur la résistance des fils, etc.

Ces essais ont été faits au laboratoire d'essais aérodynamiques de Goettingen.

Ce laboratoire comprend un tunnel d'essais de section carrée de 2 mètres de côté. Le ventilateur est susceptible d'envoyer dans ce tunnel un courant d'air de 10 mètres par 1″. L'air est ramené dans le tunnel par un conduit latéral ; il est guidé dans les angles par des aubes destinées à changer sans chocs la direction des filets et à faire décrire au courant d'air un circuit fermé sans variation de vitesse.

De grandes difficultés ont dû être vaincues pour obtenir dans ce tunnel une vitesse constante en tous les points de la section. La figure 33 donne de cette installation un croquis schématique.

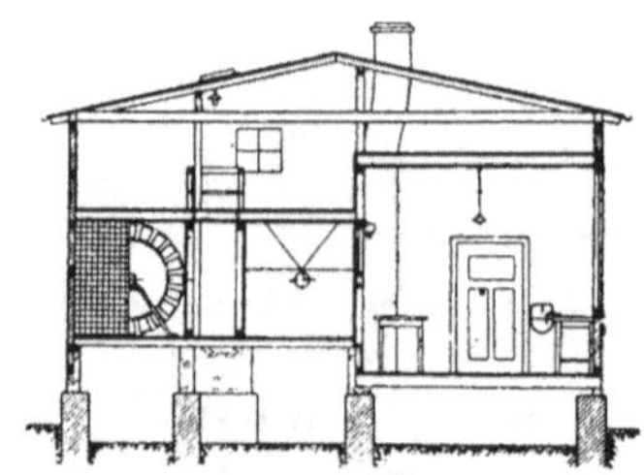

Fig. 2. — Plan et coupe verticale.

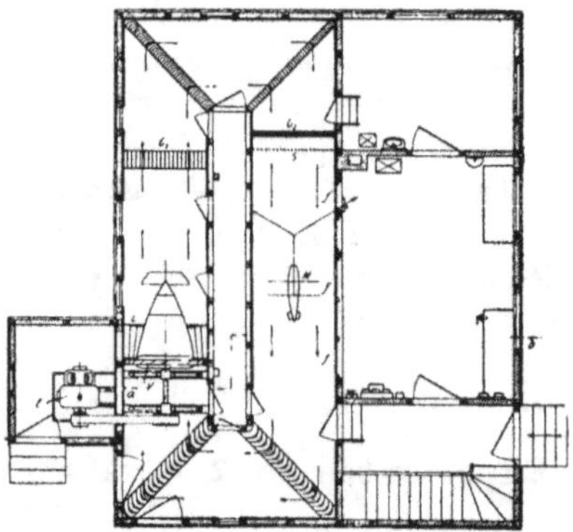

F{IG}. 33

## Expériences sur des plaques planes d'envergures différentes

Les recherches ont porté sur des plaques planes rectangulaires dont les dimensions étaient dans les rapports suivants : 3, 2, 1.5, 1.25, 1, 0.5; la profondeur était constante et égale à $0^m35$; les plaques avaient $0^{m/m}4$ d'épaisseur et les bords antérieurs et postérieurs étaient taillés en biseau.

Nous reproduisons, d'après le cours d'aéronautique de M. Marchis, les diagrammes de ces expériences. En abscisses se trouvent portés les angles d'inclinaison et en ordonnées les coefficients désignés par $\Psi$ par M. Prandlt et dont la valeur est $\Psi = 8 \ K_{15°, \ 760 \ m/s}$.


## Expériences sur des plaques de mêmes dimensions mais de courbures différentes

Ces plaques, dont les dimensions étaient de $0^m80 \times 0^m20$ présentaient des rapports de la flèche à la corde égaux à

$$\frac{1}{8.032}, \ \frac{1}{9.8}, \ \frac{1}{12.11}, \ \frac{1}{14.09}, \ \frac{1}{20}, \ \frac{1}{24.7}, \ \frac{1}{60\ 6}, \ \frac{1}{\infty}$$

Les résultats obtenus sont groupés dans les deux diagrammes *fig.* 34 et 35.


## Expériences sur des plaques de même courbure mais d'allongements différents

Ces plaques, de largeur uniforme égale à $0^m20$, avaient des allongements égaux à 1, 1.5, 2, 2.75, 3.5, 4, 4.5, 5.25 ; les résultats obtenus sont représentés dans les fig. 36, 37. Ces diagrammes fournissent dans leur généralité et dans les faibles inclinaisons des résultats semblables à ceux de M. Eiffel. Dans les incidences élevées et particulièrement pour la plaque carrée, on trouve des différences assez notables qui paraissent dues aux appareils de mesure.


### Expériences sur des modèles de carènes

Les expériences ont porté sur trois modèles de ballon.

Ces modèles étaient creux et percés d'une rangée de trous disposés suivant la section équatoriale du modèle.

Pendant les mesures on obturait toutes les ouvertures sauf une ; par cette ouverture restée libre, la pression s'établissait à l'intérieur du modèle et était mesurée. En ouvrant les ouvertures les unes après les autres, on a obtenu la répartition des pressions le long du modèle de la carène.

8.032
9.8
12.12
14.09
20
24.7
60.6
Plan
i (en degrés)
Expériences de Goettingen
Surfaces de même allongement et de courbures différentes
Pensée (Les nombres marqués sur les courbes représentent le rapport de la corde à la hauteur maxima de la flèche)

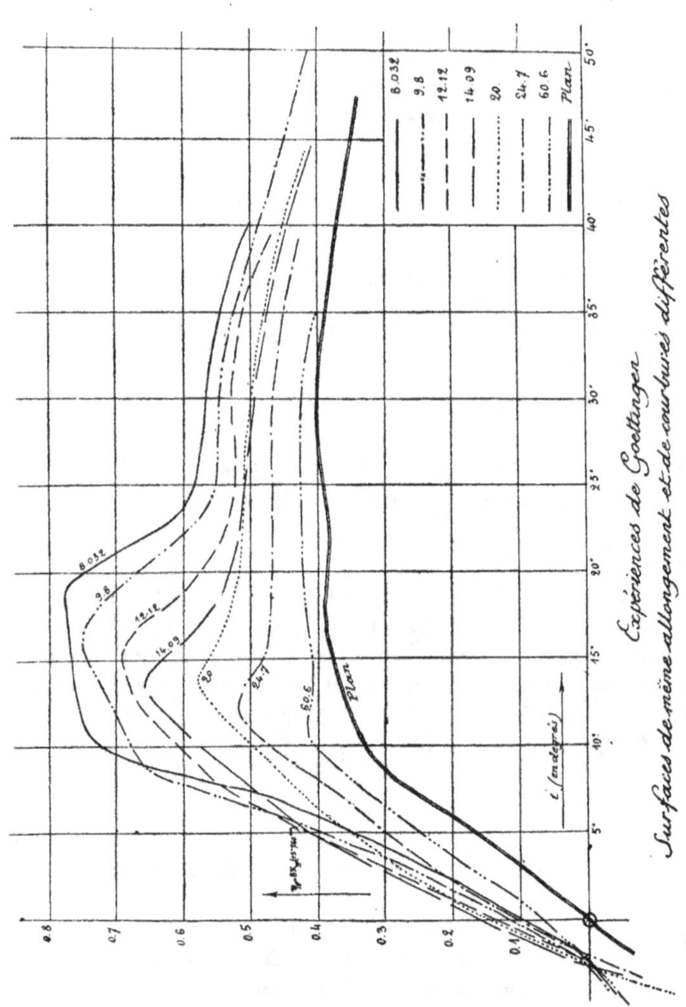

Fig. 34

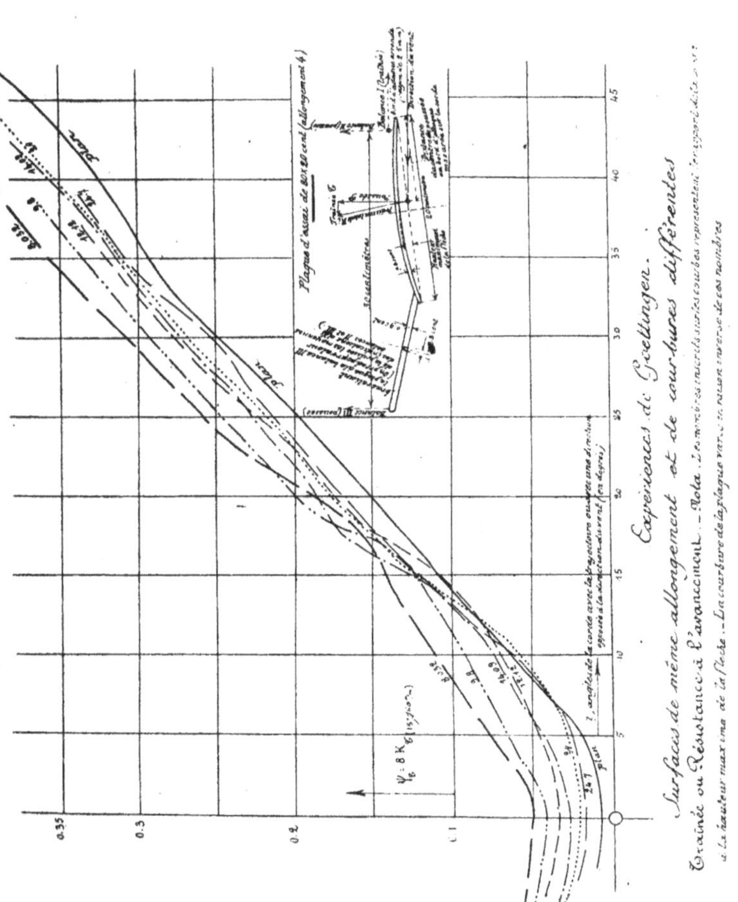


Fig. 35

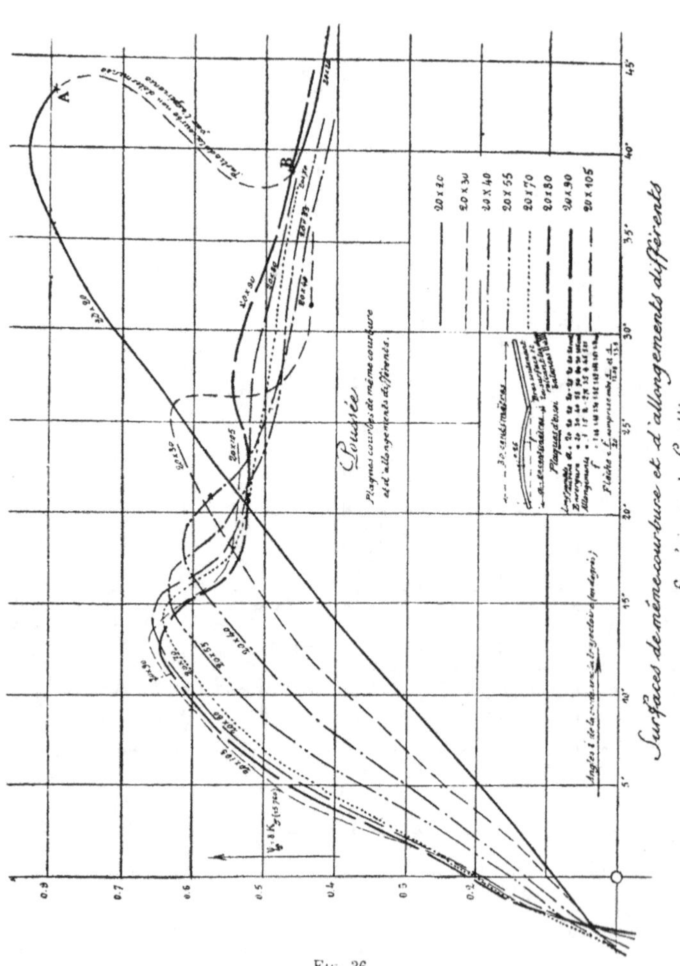

Fig. 36

Évasié
(Plaques courbes de même courbure
et d'allongements différents)
angles de la corde avec la trajectoire (en degrés)
Surfaces de même courbure et d'allongements différents
Expériences de Gœttingen

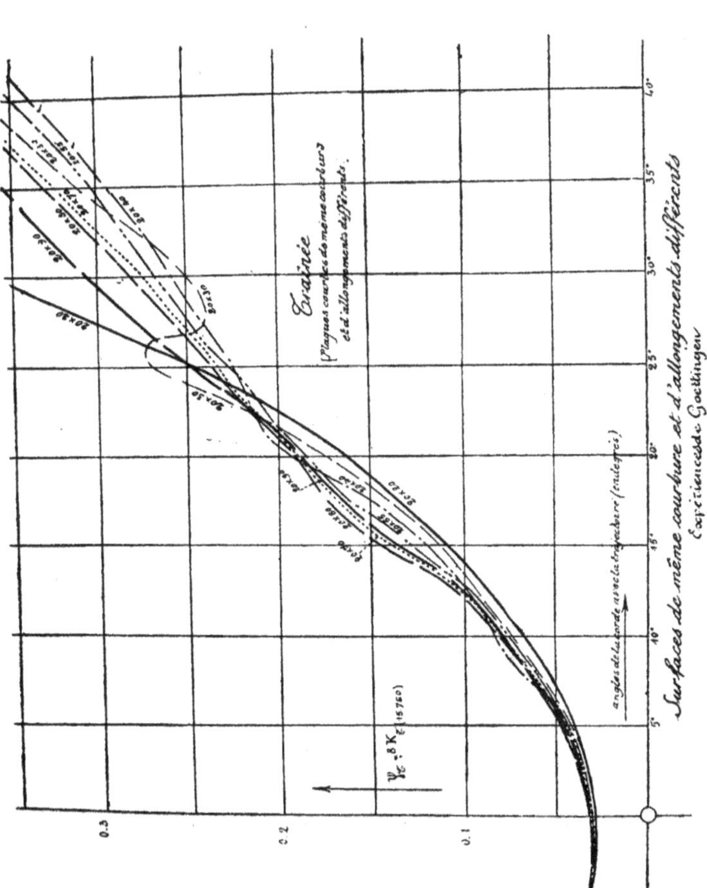

Fig. 37

Dans les fig. 38, 39 et 40 on a reporté sur la représentation des modèles la courbe de répartition ainsi déterminée en partant de l'axe du modèle comme axe du diagramme. C'est au sommet du modèle qu'on obtient la surpression maxima.

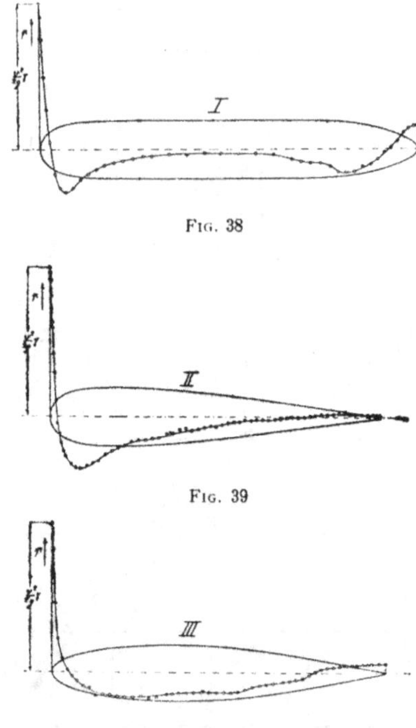

Fig. 38

Fig. 39

Fig. 40

## Expériences de M. de Gramont

Cet expérimentateur s'est servi d'une voiture automobile supportant à une certaine hauteur la plaque à essayer.

La voiture était lancée sur piste soigneusement préparée où sa vitesse était calculée en mesurant le temps écoulé entre ses passages sur deux tubes en caoutchouc placés en travers de la piste à deux endroits dont la distance était parfaitement mesurée. Au moment du passage des roues sur ces tubes, il se produit un écrasement des tubes et une pression qui met en mouvement un appareil enregistreur à diapason qui donne le temps écoulé pour franchir la distance entre les deux tubes.

Ces essais ont été exclusivement des essais manométriques. Une série de tubes en caoutchouc reliaient simultanément à des manomètres, des ouvertures pratiquées dans les plaques et disposées suivant des lignes horizontales ou de plus grande pente de la plaque. Ces manomètres étaient placés côte à côte et repérés par un manomètre à air libre. Au moment du passage de la voiture entre les deux tubes, un aide prenait une vue photographique de ces manomètres ; on avait ainsi les pressions simultanées distribuées sur une même ligne.

La mesure de toutes les pressions rapportées à une même vitesse et à la même pression permettait de tracer les lignes topographiques d'égales pressions tant sur la face antérieure que sur la face dorsale. L'ensemble des pressions et dépressions permettait aussi de calculer la poussée totale et une construction de graphostatique donnait son point d'application, c'est-à-dire la position du centre de poussée.

M. de Gramont a essayé trois plaques planes, deux en bois, l'une de 1$^m$32 de long sur 1 mètre de large, l'autre de 1$^m$32 de long sur 0$^m$58 de large et une plaque carrée de 0$^m$80 de côté en aluminium.

Ces essais sont particulièrement instructifs parce qu'ils ont été effectués avec précision sur des plaques de dimensions beaucoup plus grandes que celles expérimentées par Rateau, Eiffel et Riabouchinsky.

Nous extrayons, à titre d'exemple, les résultats obtenus avec la plaque carrée et celle de 1$^m$32 $\times$ 1 mètre à l'inclinaison de 4°. Ces essais se rapportent aux pressions exercées sur la face antérieure, et de leur ensemble M. de Gramont a cru pouvoir tirer les conclusions suivantes :

L'influence des bords donne lieu à une perturbation qui semble avoir la même étendue quel que soient les dimensions des plaques ;

La largeur de cette bande de perturbation marginale parait ne pas dépasser 0$^m$20 ;

A l'intérieur de cette bande, la distribution des pressions se fait d'une manière régulière suivant des lignes de pression parrallèles au bord d'attaque de la plaque ;

L'importance des perturbations marginales diminue avec les dimensions de la plaque et peut devenir négligeable dans les grandes surfaces ;

Il suffirait donc dans de telles surfaces, pour connaitre la loi de

## DISTRIBUTION DE LA PRESSION
### SUR LA FACE ANTÉRIEURE

Angle d'attaque de $4°$

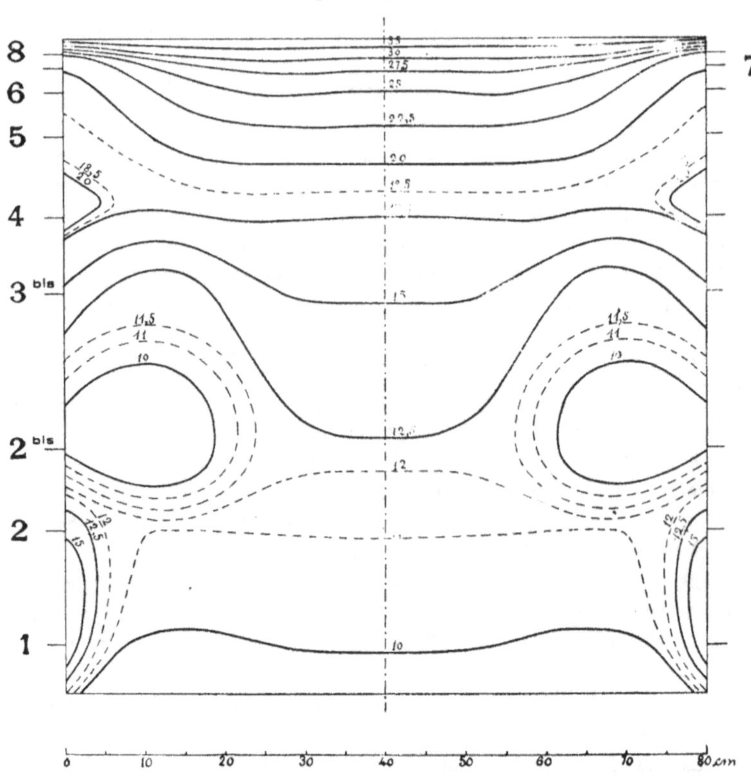

Fig. 11. — Plaque carrée

## DISTRIBUTION DE LA PRESSION
### SUR LA FACE ANTÉRIEURE

Angle d'attaque de 4°

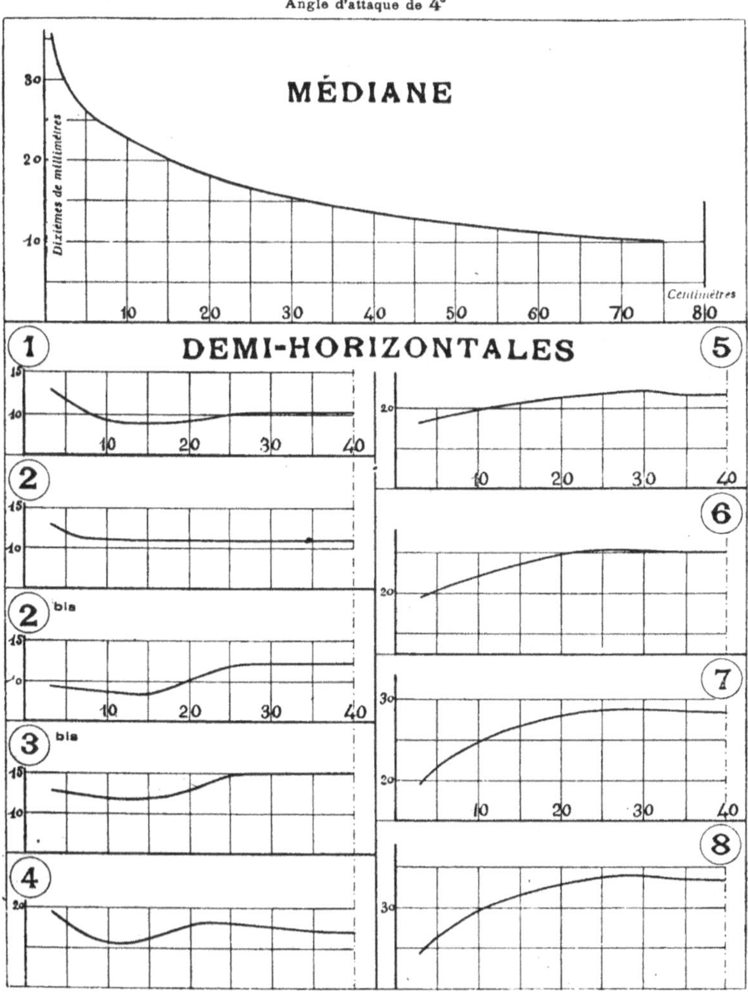


Fig. 42. — PLAQUE CARRÉE

Angle d'attaque de 4°

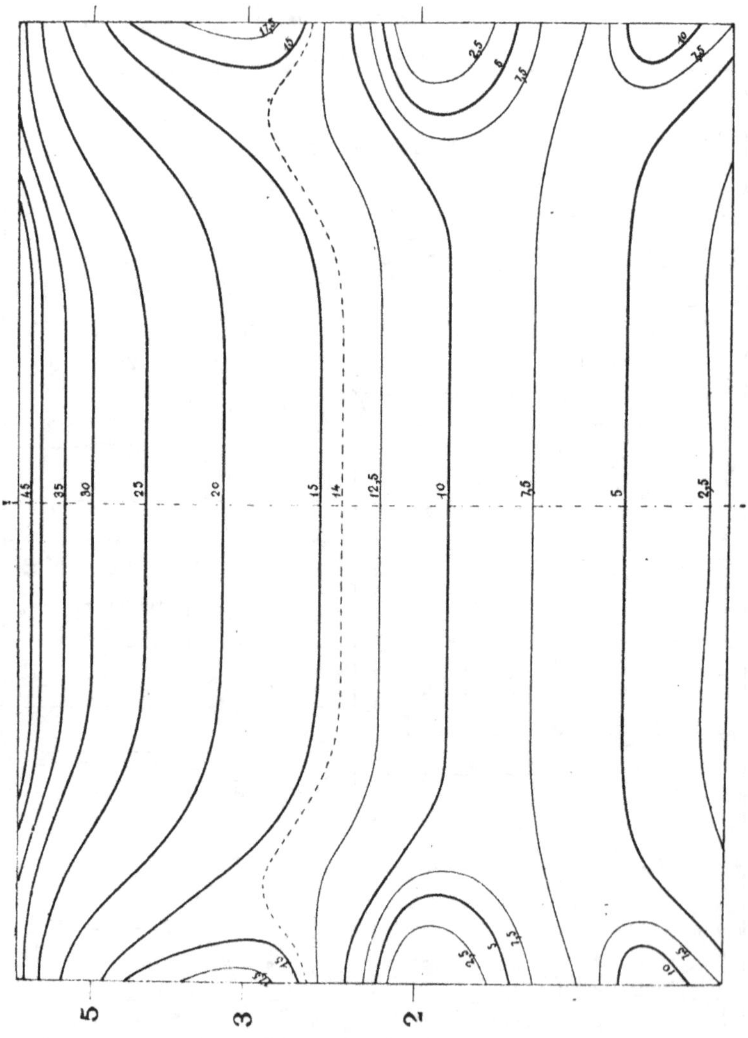

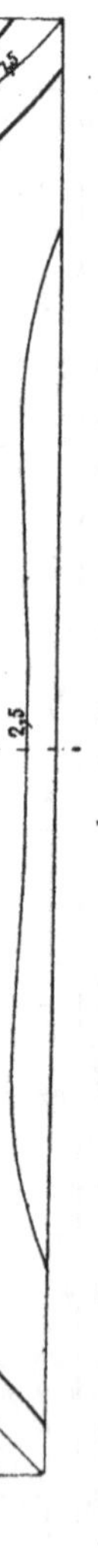

Fig. 43. — Plaque rectangulaire de $1^m32 \times 1^m$. — Distribution de la pression sur la face antérieure.

Fig. 43

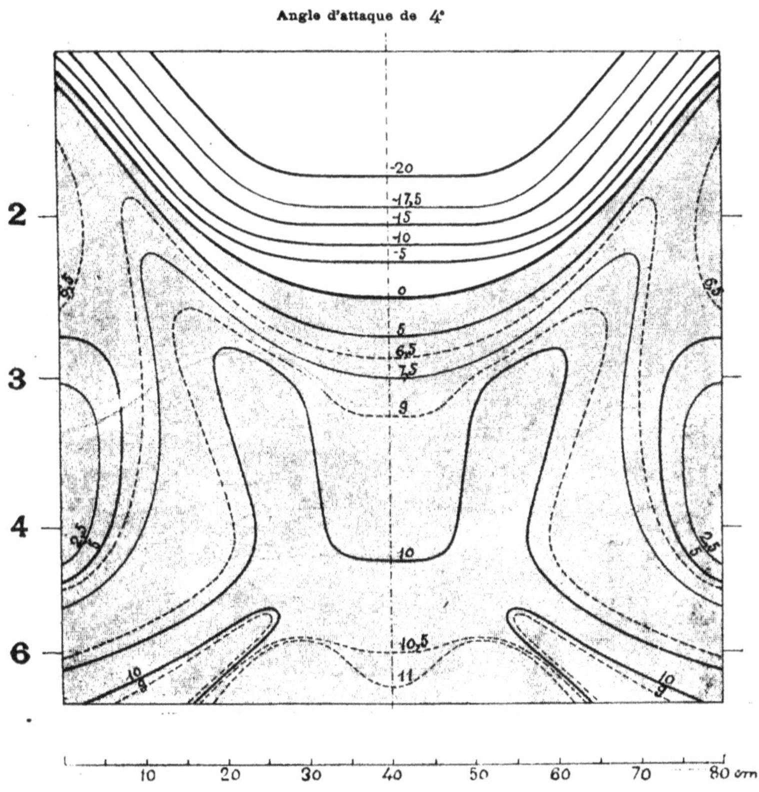


Fig. 44. — PLAQUE CARRÉE

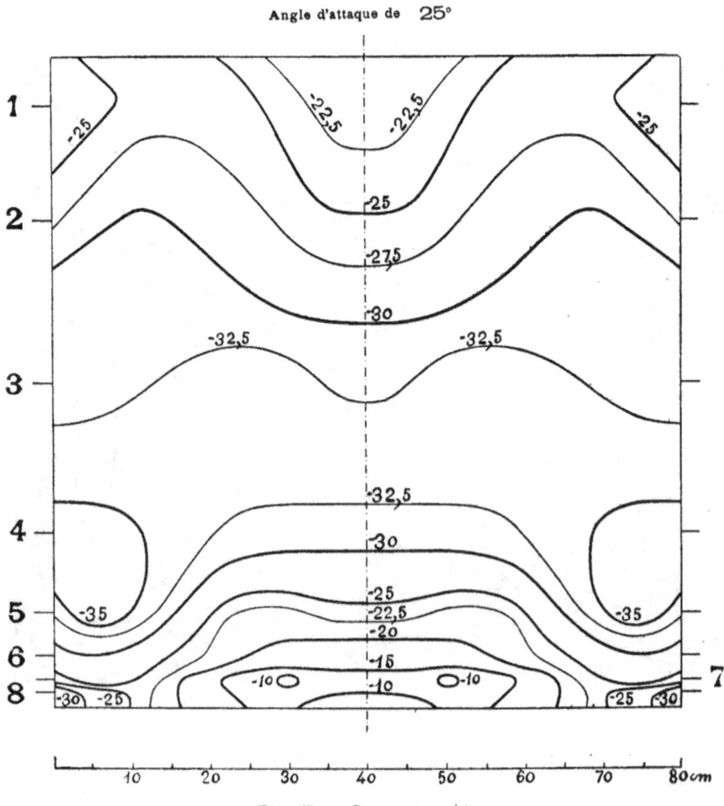



Fig. 45. — Plaque carrée

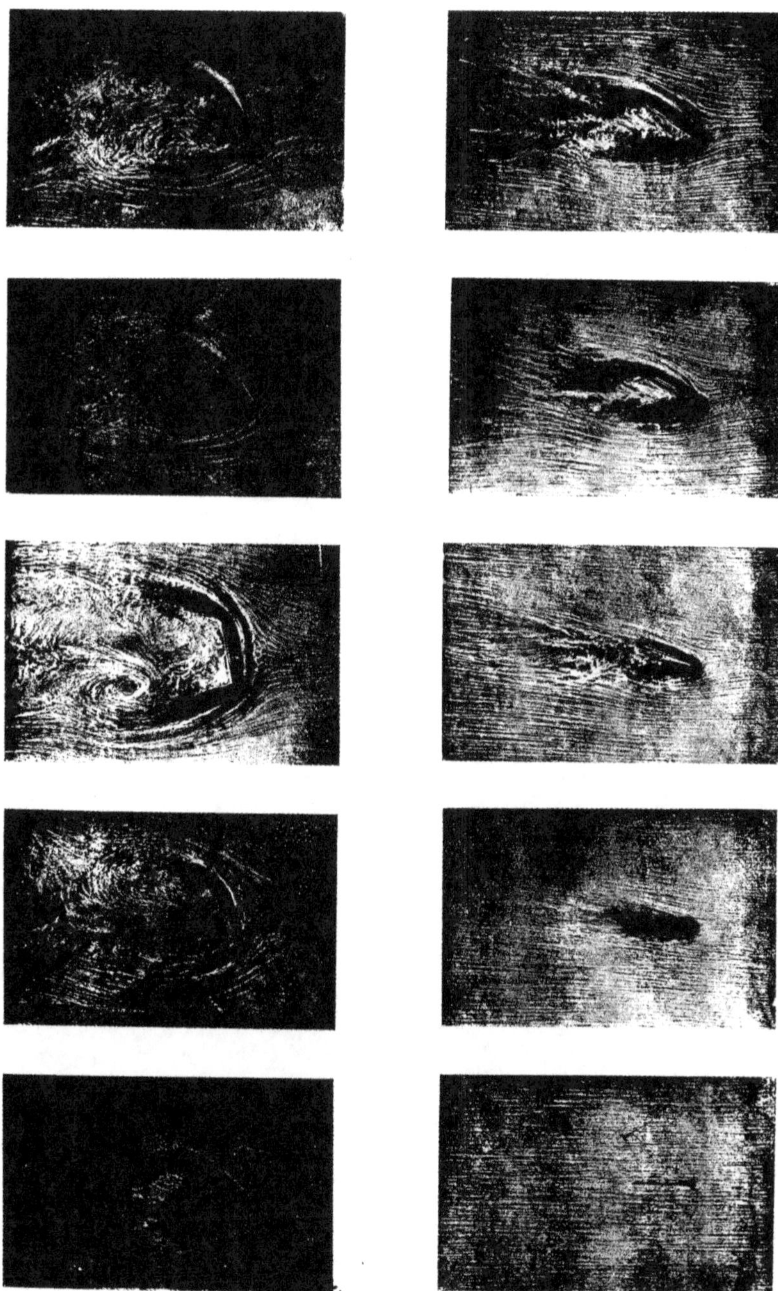

répartition, de déterminer les pressions le long d'une médiane de plus grande pente ;

Des expériences sur des surfaces de grandes dimensions permettraient seules de vérifier ces conclusions qui paraissent logiques et ramener les phénomènes de déviation de l'air a plus de simplicité que les expériences sur des plaques réduites ne l'avaient fait supposer ; celles-ci ne révèleraient en effet que les effets de zones troublées. M. de Gramont a ensuite donné les résultats de mesures effectuées sur la face dorsale de la face carrée. Nous avons reproduit les lignes d'égales pressions correspondant aux inclinaisons de 4° et 25° ;

La partie teintée représente une zone où la dépression est remplacée par une pression défavorable à la poussée. M. de Gramont fait remarquer que cette zone de pressions défavorables s'étend beaucoup plus dans ses expériences que dans celles de M. Eiffel et il y voit l'influence du mode d'expérimentation ; il n'hésite pas à mettre en doute l'exactitude du principe de relativité ;

L'existence de perturbations latérales est manifeste également sur la face dorsale de la plaque carrée, mais l'absence des résultats obtenus avec les plaques de grandes envergures ne permet pas de constater si elles se limitent comme celles de la face impulsive à une bande de largeur constante et si à l'intérieur la répartition des pressions devient également uniforme. Cela paraît cependant probable. Ces expériences montrent la nécessité des essais sur des surfaces de grandes étendues et le danger d'appliquer à ces dernières les résultats obtenus sur des plaques réduites.

## Spectres aérodynamiques

Les expériences qui ont été effectuées par les appareils précédents sont des expériences quantitatives.

Elles ne renseignent que d'une manière indirecte et imprécise sur les phénomènes d'écoulement de l'air. Ceux-ci sont très complexes et il serait extrêmement utile au point de vue théorique comme au point de vue des essais pratiques de pouvoir rendre visibles les phénomènes d'écoulement de l'air au voisinage des plaques essayées.

Certains expérimentateurs ont chargé l'air de fumée ou l'ont chauffé fortement.

D'autres se sont contentés d'explorer les différentes régions qu'ils voulaient étudier, au moyen de petites girouettes formées de fil très léger porté à l'extrémité de baguette : ces fils plongés dans le courant aérien, épousaient la direction du courant ; cette direction pouvait être reportée sur une épure à l'endroit correspondant.

Cette méthode a été appliquée par le Capitaine Etevé à l'étude de surfaces au voisinage desquelles il voulait particulièrement étudier les remous qu'il prétendait pouvoir être utilisés en faveur de l'avancement des surfaces.

M. Riabouchinsky a employé de son côté la méthode suivante qui lui a permis d'obtenir de véritables spectres aérodynamiques pouvant être conservés et photographiés.

Il disposait à cet effet au milieu du tube d'expériences une plaque de fer bien plane sur laquelle il collait du papier noir ; il posait ensuite le modèle à expérimenter sur cette plaque puis recouvrait tout le papier d'une fine couche de poudre de lycopode.

M. Riabouchinsky poussait la vitesse du courant jusqu'au moment où la poudre de lycopode commençait à être emportée par le courant aérien et à ce moment il imprimait à la plaque de tôle, au moyen d'un coup de marteau, un ébranlement vif ayant pour effet de distribuer la poudre de lycopode suivant les lignes de courant et de marquer parfaitement celles-ci.

Nous avons reproduit dans les figures suivantes les clichés relatifs aux spectres aérodynamiques d'une plaque carrée de 0,120 de côtés, inclinée depuis la position orthogonale jusqu'à sa position dans le vent suivant les angles $i = 90°$, $80°$, $70°$, $60°$, $55°$, $50°$, $40°$, $30°$, $20°$, $10°$.

Les parties noires des expériences sont celles où le papier a été mis à nu : elles indiquent donc à ces endroits un courant d'air plus vif.

Ces spectres sont très intéressants. Ils matérialisent, pour ainsi dire la direction des filets d'air.

M. Riabouchinsky a fait de nombreuses expériences qu'il a publiées accompagnées des reproductions des spectres dans le fascicule III du bulletin de l'institut aérodynamique de Koutchino.

M. Riabouchinsky fait cependant remarquer que ces figures ne reproduisent pas les lignes de courant autour des modèles avec une parfaite exactitude, parce que le frottement contre le papier doit déformer, dans une certaine mesure, les trajectoires des particules d'air, mais dans leurs traits généraux, les spectres obtenus donnent très probablement une image fidèle du phénomène et qui doit être interprétée comme correspondant aux sections des solides étudiés dans leur plan de symétrie.

M. Riabouchinsky fait aussi remarquer que la seconde moitié du modèle qui eut dû être diposée en dessous du plateau n'exerce pas d'influence sensible sur les spectres.

## Valeurs obtenues pour le coefficient K dans le cas de plaques normales

Nous donnons ci-après, d'après M. Eiffel le tableau des valeurs du coefficient K obtenues par les différents expérimentateurs qui en ont fait la recherche :

| Expérimentateurs | K. | Forme de la surface | Vitesse en m./sec. |
|---|---|---|---|
| | | *1° Mouvements circulaires* | |
| Goupil | 0.125 | Plaque carrée | » |
| Marey | 0.125 | » | » |
| Hagen | 0.075 | circul.; $d = 0.10$ | 0 à 2 |
| Recknagel | 0.07 | » | » |
| Mannesmann | 0.12 | circul.; $d = 0.15$ | 3 à 25 |
| Von Lössl | 0.103 | carrée ; $a = 1.00$ | 0 à 2 |
| Reichel | 0.096 | carrée ; $a = 0.83$ | jusqu'à 50 |
| Renard | 0.085 | » | » |
| Bines | 0.083 | circul.; $d = 0.15$ | » |
| Langley | 0.081 | carrée ; $a = 0.305$ | jusqu'à 18 |
| | | *2° Mouvements rectilignes* | |
| Morin-Piobert et Didion | 0.11 | Plaque carrée: $a = 1.00$ m | 8 à 9 |
| Ricour | 0.13 | $a = 0.10$ | 20 |
| Desnonits | 0.13 | $a = 0.10$ | 20 |
| Cailletet et Colardeau | 0.07 | $a$  0.15 à 0.23 | 20 |
| Le Dantec | 0.08 | $a = 1.00$ | 1 |
| Canovetti | 0.076 | Surfaces allant jusqu'à 8 m² | 5 à 16 |
| Eiffel (expériences | 0.068 | Surface de 1/16 de m² | 0 à 40 |
| de chute | à 0.079 | Surface de 1 m² | |
| | | *3° Par ventilateurs* | |
| Stanton | 0.066 | Plaque carrée : $0.015 \times 0.015$ | 1.50 à 9 |
| Institut de Koutchino | 0.087 | carrée : $0.30 \times 0.30$ | 1 à 6.50 |
| Rateau | 0.065 | de  $0.50 \times 0.30$ | 10 à 30 |

II

# L'air comme moyen de sustentation

L'air peut servir de sustentation de deux manières.

Le procédé statique basé sur le principe d'Archimède et le procédé dynamique basé sur la poussée verticale produite par la résistance de l'air sur des surfaces animées d'un mouvemeut de translation.

Ils ont été caractérisés par les dénominations : le moins lourd que l'air et le plus lourd que l'air.

Dans ee travail, nous n'envisagerons que le second procédé.

## Sustentation orthoptère

Considérons un plan mince de section S chargé d'un poids Q.

Quand ce poids tombe, il éprouve de la part de l'air une résistance donnée par la formule $R = KSV^2$.

Quand cette résistance est égale à son poids, la vitesse devient uniforme et elle est donnée par l'équation $Q = KSV^2$.

Si le poids Q comprenait le poids d'un moteur capable de mettre en mouvement d'une manière continue une série de plans s'abaissant normalement avec la vitesse V, la réaction opposée par l'air sur ces plans tiendrait le poids Q en suspension dans l'air.

C'est le principe de la sustentation orthoptère.

La puissance qui serait dépensée pour cette sustentation serait

$$P = QV$$

d'où en vertu de l'équation $Q = KSV^2$.

$$P = KSV^3$$

Entre ces deux équations éliminons V ; il vient

$$\frac{Q}{P} = \sqrt{K\frac{S}{Q}}.$$

$\dfrac{Q}{P}$ mesure l'efficacité de la sustentation orthopère.

L'inverse de ce rapport ou $\dfrac{Q}{P}$ est égal à la vitesse V.

Cette vitesse est appelée vitesse *fictive d'ascension*.

La formule P = QV montre que c'est la vitesse à laquelle serait soulevé un poids Q moyennant une dépense de puissance égale à P.

On a :

$$V = \sqrt{\frac{1}{K}\frac{Q}{S}}.$$

Si on connaît le poids par unité de surface $\dfrac{Q}{S}$ on peut déduire la vitesse fictive d'ascension V et la puissance P nécessaire pour la sustentation du poids Q.

C'est en partant de ces formules que l'on a démontré l'impossibilité du vol orthoptère des oiseaux.

## Attaque oblique

Au lieu d'abaisser le plan normalement, déplaçons-le obliquement dans la direction horizontale.

La poussée totale qui s'exerce sur ce plan se décompose en deux forces : l'une verticale, dénommée poussée verticale ou simplement *poussée*, et l'autre horizontale de sens contraire à la force motrice qu'on appelle *résistance à l'avancement* ou aussi *traînée*.

La première est susceptible d'être équilibrée par un poids porté par le plan : celui-ci maintiendra donc ce poids, mais il ne pourra produire cet effet de sustentation que grâce au déplacement horizontal du plan oblique.

La sustentation du plan oblique est donc liée intimement à sa translation : elle varie avec l'inclinaison du plan, avec les dimensions et la forme de la surface et la vitesse de translation.

La traînée est aussi fonction des mêmes éléments.

La poussée et la traînée ont été exprimées par les formules expérimentales suivantes :

$$Q = K_y SV^2$$
$$X = K_x SV^2$$

dans lesquelles les coefficients $K_y$ et $K_x$ sont des coefficients expérimentaux.

Ceux-ci sont fonction de l'inclinaison.

Avant de chercher à établir leurs valeurs en fonction de cet angle, il convient de bien définir celui-ci.

## Définition de l'angle d'inclinaison des plaques

Pour les plaques planes, cet angle est évidemment l'angle formé par la direction de la plaque avec la direction du courant d'air.

Pour les plaques courbes, MM. Rateau et Eiffel ont adopté l'angle formé par la corde de l'arc avec la direction du courant d'air ; mais les diagrammes qu'ils ont dressés montrent que les valeurs du coefficient $K_y$ ne s'annulent pas en même temps que cet angle, mais pour un angle négatif.

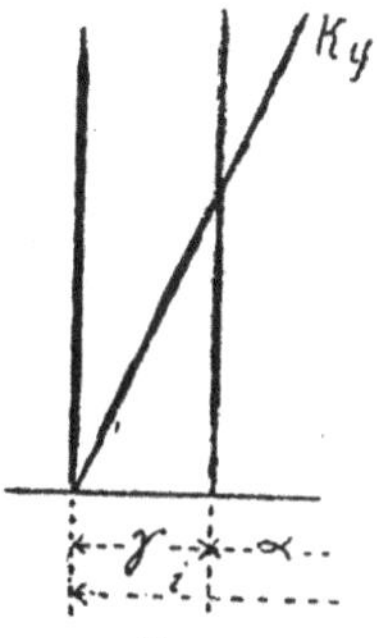

Soit $\gamma$ cet angle : dans l'expérience de M. Rateau sur la plaque de $0^m50 \times 0^m30$, l'angle $\gamma$ était égal à $-4°30'$, et dans l'expérience faite par M. Eiffel sur la plaque de $0^m90 \times 0^m15$, il étaitde $-8°$.

Si on convient d'établir une formule dans laquelle les valeurs de $K_y$ s'annulent en même temps que l'angle d'inclinaison, il faut prendre l'origine des abscisses en arrière de l'origine de ces diagrammes d'un angle égal à $\gamma$ et l'angle d'inclinaison sera donc, dans ce cas, $i = \alpha + \gamma$.

Fig. 46

Cela revient à considérer l'angle d'inclinaison comme formé par l'angle d'une plaque plane fictive CD invariablement reliée à la plaque et dont la direction fait avec la corde AB, l'angle $\gamma$.

Cet angle $i$ s'appelle aussi angle d'incidence, angle d'attaque ou angle de déviation.

Nous conviendrons dans ce qui suit, de nous servir indifféremment de l'une ou de l'autre expression, en remarquant que dans une plaque plane, elle désigne l'angle $\alpha$ et dans une plaque courbe, l'angle $i = \alpha + \gamma$.

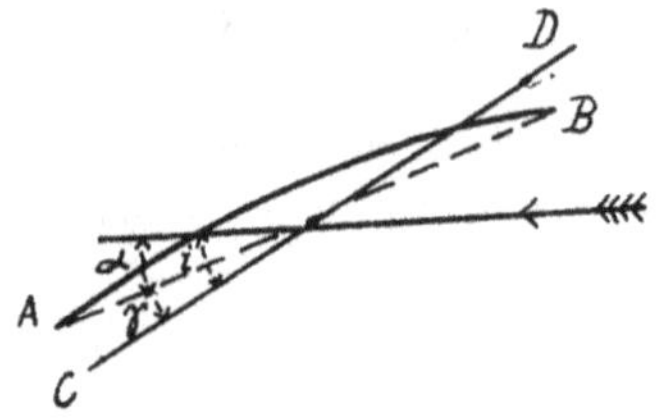

Fig. 47

L'angle $\gamma$ est l'angle formé par la corde de l'arc de la plaque avec la direction du courant d'air quand l'angle d'inclinaison $i$ est égal à zéro, c'est-à-dire quand la poussée verticale est nulle.

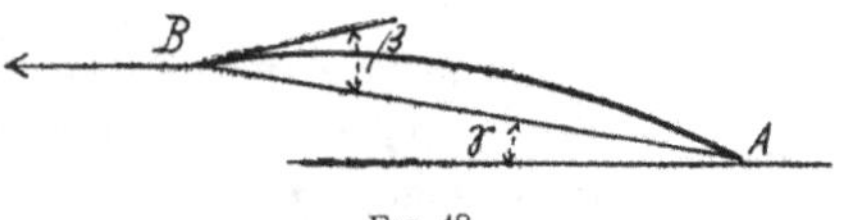

Fig. 48

M. Rateau croyait que cet angle était mesuré par la moitié de l'angle $\beta$ formé avec la corde par la tangente à la plaque au bord de sortie.

Il supposait pour cela que les filets fluides se recombinaient au bord de sortie de la plaque parallèlement à la bisectrice de l'angle $\beta$.

M. Soreau admet qu'il est fonction de cet angle et pose $\gamma = \lambda \times \beta$.

Dans la plaque essayée par M. Rateau $\gamma = 4°30'\ \beta = 10°$ ; donc $\lambda = 0,43$.

Dans la plaque essayée par M. Eiffel $\gamma = 8°\ \beta = 16°$ ; donc $\lambda = 0,5$.

Dans les applications, M. Eiffel a proposé de prendre l'origine dans le voisinage immédiat de l'incidence de vol et il a choisi l'incidence de 6° (angle de la corde avec la direction du vent).

Les valeurs calculées de part et d'autre de cette origine sont plus exactes que celles que fournira la droite menée tangentiellement à l'incidence zéro.

Quoiqu'il en soit, on pourra exprimer les poussées par les formules

$$Q = \varphi SV^2 \, f_y \,(i)$$
$$X = \varphi SV^2 \, f_x \,(i)$$

Dans lesquelles

$$\varphi \, f_y \,(i) = \varphi_y$$
$$\varphi \, f_x \,(i) = \varphi_x.$$

Nous avons adopté la notation $\varphi$ pour désigner l'effort unitaire d'une plaque quelconque en réservant à K de représenter la résistance unitaire du plan orthogonal.

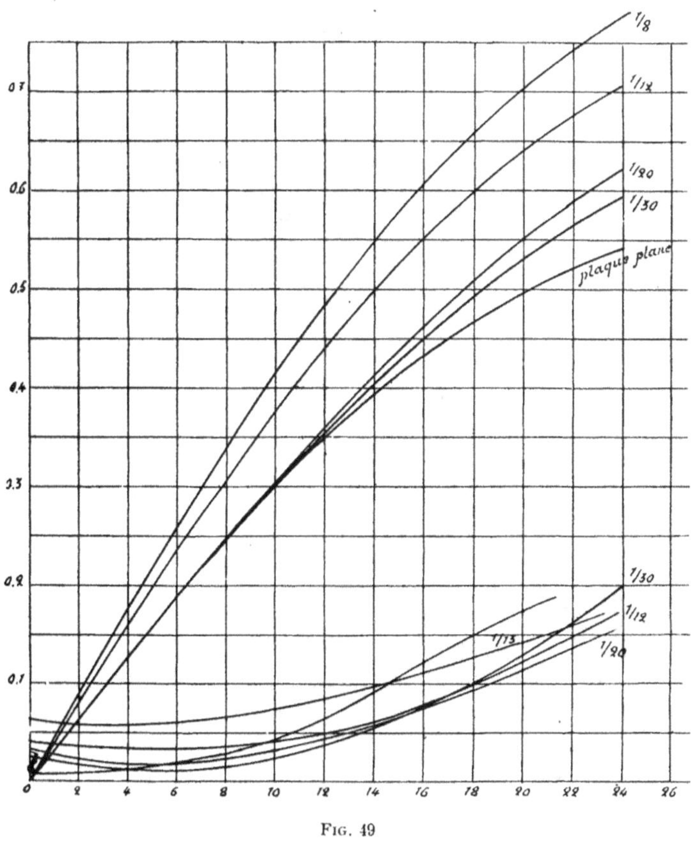


Fig. 49

Dans les compte-rendus des expériences nous avons cependant conservé les notations adoptées par leurs auteurs.

Plaque plane de 0m 85 × 0m 15 (Mr Eiffel)
Plaque courbe de 0m 90 × 0m 15 (Mr Eiffel)
Plaque courbe de 0m 50 × 0m 30 (Mr Rateau)
Plaque plane de 0m 50 × 0m 30 (Mr Rateau)
Courbe théorique $K_x = K_i \, i$
Plaque plane de 0m 85 × 0m 15 (Mr Eiffel)
Plaque plane de 0m 50 × 0m 30 (Mr Rateau)
Courbe théorique $K_x = K_i \, i$
Plaque courbe de 0m 90 × 0m 15 (Mr Eiffel)
Plaque courbe de 0m 50 × 0m 30 (Mr Rateau)

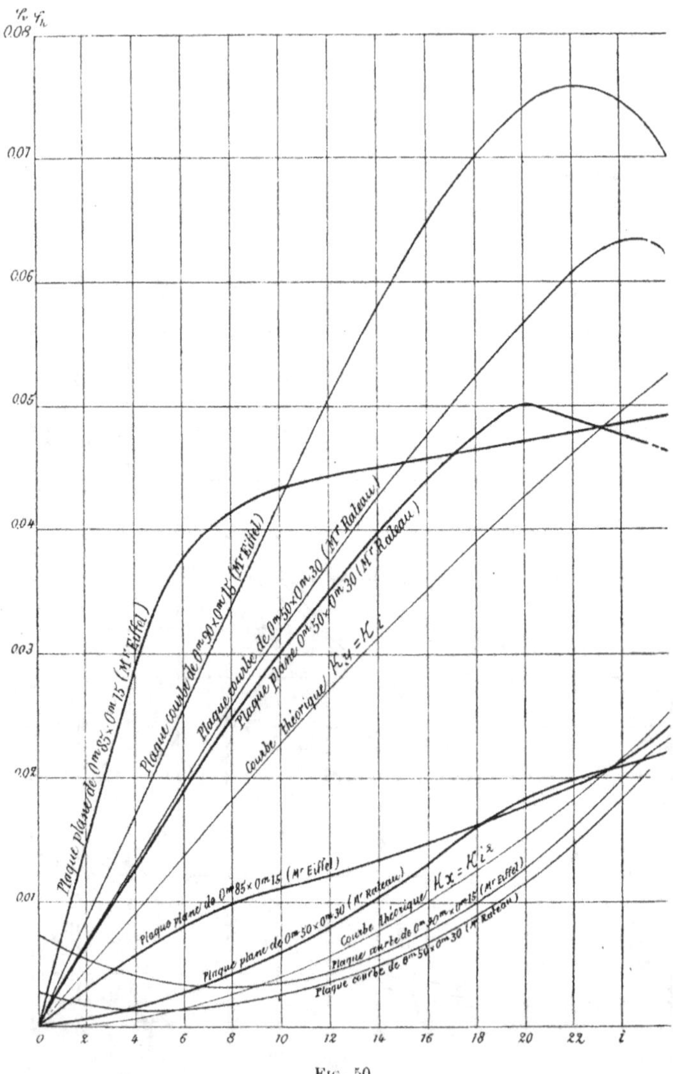

Fig. 50

Les notations $\varphi_y$ et $\varphi_x$ dont nous nous servons dans ce chapitre sont équivalentes aux notations $K_y$ et $K_x$ employées par M. Eiffel.

## Détermination des fonctions $f(i)$

Pour nous rendre compte de la forme des fonctions $f(i)$, nous avons reproduit les diagrammes des coefficients $\varphi_y$ et $\varphi_x$ obtenus par M. Riabouchinsky en expérimentant des plaques de $0^m30 \times 0^m15$ planes et arquées suivant des rapports de la flèche à la corde égaux à 1/30, 1/20, 1/12, 1/8. *(Fig. 49)*.

Nous avons fait de même pour les diagrammes relevés par MM. Rateau et Eiffel, en prenant pour tous ces diagrammes les angles d'inclinaison $i = \alpha + \gamma$ comme abscisses et en les limitant à l'incidence de 20°. *(Fig. 50)*.

L'inspection de ces diagrammes fait voir que les courbes des coefficients $\varphi_y$ sont tous composés d'une partie sensiblement rectiligne.

Dans cette partie, la fonction $f_y(i)$ est de la forme

$$f_y(i) = i$$

On peut donc écrire :

$$\varphi_y = \varphi \times i$$

Les courbes des coefficients $\varphi_x$ sont d'autre part assimilables dans la région considérée à des paraboles dont l'axe est vertical et dont l'équation est de la forme

$$f_x(i) = ri^2 + ti + s$$

Donc

$$\varphi_x = \varphi\,(r\,i^2 + ti + s)$$

Ces équations comprennent les facteurs $\varphi$ $r$, $s$ et $t$.

M. Soreau estime que pour un même angle $i$ le coefficient $\varphi$ est sensiblement constant pour des surfaces de grande étendue comme les ailes d'aéroplanes : ce coefficient est donc indépendant de la vitesse et de la surface.

Il admet de plus que ce coefficient reste constant pour des voilures géométriquement semblables et même qu'il est indépendant de l'incurvation de celle-ci, tant que, cette incurvation reste faible.

Il est tenu compte, à son avis, de cette incurvation dans les valeurs de $i$ par la variation de l'angle $\gamma$. Il conclut donc que dans les grandes voilures ce coefficient ne dépend que de l'allongement.

Le coefficient $\varphi$ n'est pas le coefficient K du plan orthogonal : on peut l'exprimer en fonction de ce dernier, en posant

$$\varphi = q . \mathrm{K}.$$

Ce coefficient $q$ permet de juger de la valeur sustentataire d'une surface ; on l'appelle *qualité sustentatrice*.

En effet, la valeur de la poussée verticale s'écrit

$$Q = q\mathrm{KSV}^2 \times i$$

Q est en effet proportionnel à $q$ pour une inclinaison, une surface et une vitesse données.

Les formules précédentes deviennent :

$$Q = q\mathrm{KSV}^2 \times i$$
$$X = q\mathrm{KSV}^2 \; (ri^2 + ti + s)$$

Dans le cas des plaques planes

$$Q = q\mathrm{KSV}^2 \times \alpha$$
$$X = q\mathrm{KSV}^2 \times r\alpha^2.$$

Dans ce cas, la parabole passe par le centre des coordonnées et l'angle $i$ devient l'angle $\alpha$.

L'axe de la parabole se rapportant aux plaques courbes se trouve sur l'ordonnée minima de la composante X.

Cette ordonnée est à une distance mesurée sur l'axe des abscisses égale à un angle $\gamma'$.

Cet angle est très rapproché de l'angle $\gamma$.

En effet, la valeur minima de X se produit quand la plaque s'efface dans le courant d'air ou dans le voisinage de cette position.

L'équation de la courbe rapportée à son axe sera alors

$$X = q\mathrm{KSV}^2 \; (r\alpha'^2 + s)$$

$\alpha'$ mesurant les angles à partir de l'angle $\gamma'$.

L'ordonnée minima est égale à

$$q\mathrm{KSV}^2 + s$$

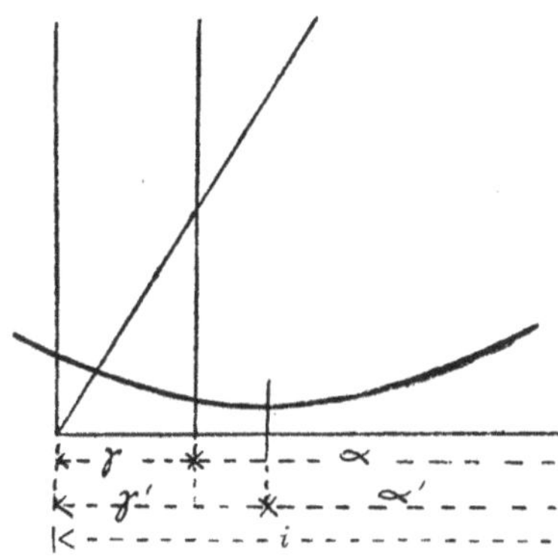

Fig. 51

Si $\gamma'$ était égal à $\gamma$, $\alpha'$ serait l'angle $\alpha$ d'incidence de la corde du profil de la plaque.

Avec cette approximation, on pourrait donc écrire

$$\mathrm{X} = q\mathrm{KSV}^2\,(r\alpha^2 + s)$$

## Vérification expérimentale

Il est intéressant de vérifier ces formules.

Elles seront exactes si les coefficients $q$ et $r$ restent constants pour une même plaque.

$t$ et $s$ le seront par le fait même.

Les équations

$$\mathrm{Q} = q\mathrm{KSV}^2 i$$
$$\mathrm{X} = q\mathrm{KSV}^2\,(r\alpha'^2 + s)$$

donnent

$$\varphi_y = q\mathrm{K}i$$
$$\varphi_x = q\mathrm{K}\,(r\alpha'^2 + s)\,;$$

car

$$\mathrm{Q} = \varphi_y\,\mathrm{SV}^2 \qquad \mathrm{N}_x = \varphi_x\,\mathrm{SV}^2$$

On en tire :

$$qK = \frac{\varphi y}{i}$$

$$qr\,K = \frac{\varphi x - qKs}{x'^2}.$$

$\varphi y$ et $\varphi x - qKs$ sont des données expérimentales.

Nous avons résumé dans le tableau suivant les données fournies par les expériences de M. Rateau sur la plaque courbe de $0^m50 \times 0^m30$ et de M. Eiffel sur la plaque courbe de $0^m90 \times 0^m15$.

L'ordonnée minima de $\varphi x$ dans la première expérience est égale à 0.0014 $(qKs = 0.0014)$ et elle se produit pour un angle $\gamma' = 6°$ $\gamma$ est égal à $4°30'$.

Dans la seconde $qKs = 0.0029$ et $\gamma' = 8° = \gamma$.

Les angles d'inclinaison sont exprimés en radiants.

| PLAQUE | INCIDENCE | | $\varphi y$ | $qK = \dfrac{\varphi y}{i}$ | $\varphi x - qKs$ | $qrK = \dfrac{\varphi x - qKs}{x'^2}$ | K = 0.08 | |
|---|---|---|---|---|---|---|---|---|
| | $i$ | $x'$ | | | | | $q$ | $r$ |
| Plaque courbe de $0^m50 \times 0^m30$ (M. Rateau) | 1° | — 5° | 0.0031 | 1.78 | | | 2.22 | |
| | 6° | 0° | 0.0194 | 1.86 | | | 2.33 | |
| | 8° | 2° | 0.0250 | 1.80 | 0.0004 | 0.335 | 2.25 | 0.186 |
| | 10° | 1° | 0.0312 | 1.78 | 0.0011 | 0.225 | 2.22 | 0.127 |
| | 15° | 9° | 0.0450 | 1.70 | 0.0043 | 0.174 | 2.12 | 0.102 |
| | 20° | 14° | 0.0566 | 1.62 | 0.0100 | 0.168 | 2.03 | 0.104 |
| Plaque courbe de $0^m90 \times 0^m15$ (M. Eiffel) | 1° | — 7° | 0.0042 | 2.40 | | | 3.00 | |
| | 8° | 0° | 0.0340 | 2.43 | | | 3.02 | |
| | 10° | 2° | 0.0428 | 2.45 | 0.0001 | 0.330 | 3.03 | 0.134 |
| | 15° | 7° | 0.0614 | 2.35 | 0.0037 | 0.246 | 2.94 | 0.105 |
| | 20° | 12° | 0.0740 | 2.10 | 0.0100 | 0.228 | 2.63 | 0.113 |

Les valeurs des coefficients $q$ et $r$ sont suffisamment constantes pour justifier dans une certaine mesure, l'assimilation du diagramme des $\varphi y$ à une droite et du diagramme des $\varphi x$ à une parabole.

L'approximation est cependant beaucoup moindre pour cette dernière valeur.

Valeurs de $\varphi = \dfrac{P_i}{P_\infty}$ *données par diverses formules.*

| ANGLES D'INCLINAISON $i$ | | 0° | 10° | 20° | 30° | 40° | 50° | 60° | 70° | 80° | 90° |
|---|---|---|---|---|---|---|---|---|---|---|---|
| I. $\varphi = 2\sin i - \sin^2 i$ | (Colonel Renard) | 0 | 0,342 | 0,644 | 0,875 | 1,021 | 1,083 | 1,083 | 1,049 | 1,014 | 1 |
| II. $\varphi = \dfrac{2\sin i}{1 + \sin^2 i}$ | (Duchemin) | 0 | 0,337 | 0,612 | 0,800 | 0,910 | 0,966 | 0,989 | 0,998 | 1,000 | 1 |
| III. $\varphi = \dfrac{2(1 + \cos i)\sin i}{1 + \cos i + \sin i}$ | (M. de Louvrié) | 0 | 0,320 | 0,581 | 0,789 | 0,942 | 1,044 | 1,097 | 1,105 | 1,072 | 1 |
| IV. $\varphi = 2\sin i - \sin^2 i$ | (M. Goupil) | 0 | 0,317 | 0,567 | 0,750 | 0,873 | 0,945 | 0,983 | 0,996 | 0,999 | 1 |
| V. $\varphi = \dfrac{\sin i}{0,39 + 0,61\sin i}$ | (Joëssel) | 0 | 0,350 | 0,571 | 0,720 | 0,822 | 0,894 | 0,943 | 0,976 | 0,994 | 1 |
| VI. $\varphi = \sin i^{1,91\cos i - 1}$ | (Hutton) | 0 | 0,241 | 0,457 | 0,663 | 0,834 | 0,953 | 1,012 | 1,023 | 1,010 | 1 |
| VII. $\varphi = \dfrac{4 + \pi\sin i}{4 + \pi\sin i}$ | (Lord Rayleigh) | 0 | 0,273 | 0,481 | 0,641 | 0,763 | 0,854 | 0,920 | 0,965 | 0,991 | 1 |
| VIII. $\varphi = \sin i$ | (M. V. Lössl, etc.) | 0 | 0,174 | 0,342 | 0,500 | 0,643 | 0,766 | 0,866 | 0,940 | 0,985 | 1 |
| IX. $\varphi = \dfrac{2\sin i}{1 + \sin i}\left(1 - \dfrac{0,62\sin i}{1 + \sin i}\right)$ | Dorhandt et Thiesen | 0 | 0,142 | 0,288 | 0,428 | 0,556 | 0,672 | 0,774 | 0,862 | 0,938 | 1 |
| X. $\varphi = \sin^2 i$ | (Newton) | 0 | 0,030 | 0,117 | 0,250 | 0,413 | 0,587 | 0,750 | 0,883 | 0,970 | 1 |
| XI. $\varphi = \sin^3 i$ | (Weissbach) | 0 | 0,001 | 0,014 | 0,063 | 0,171 | 0,344 | 0,561 | 0,780 | 0,941 | 1 |
| XII. $\varphi = \sin i\left(1 + \dfrac{1 - \operatorname{tg} i}{0,25 + \operatorname{tg} i + 2\operatorname{tg}^2 i}\right)^{-1}$ | (M. Soreau) | 0 | 0,463 | 0,589 | 0,641 | 0,687 | 0,732 | 0,787 | 0,850 | 0,920 | 1 |
| XIII. $\varphi = \dfrac{i}{30}$ pour $i < 30°$, puis $\varphi = 1$ (formule proposée) | | 0 | 0,333 | 0,666 | 1 | 1 | 1 | 1 | 1 | 1 | 1 |

1 Cette formule s'applique à des rectangles de largeur indéfinie.

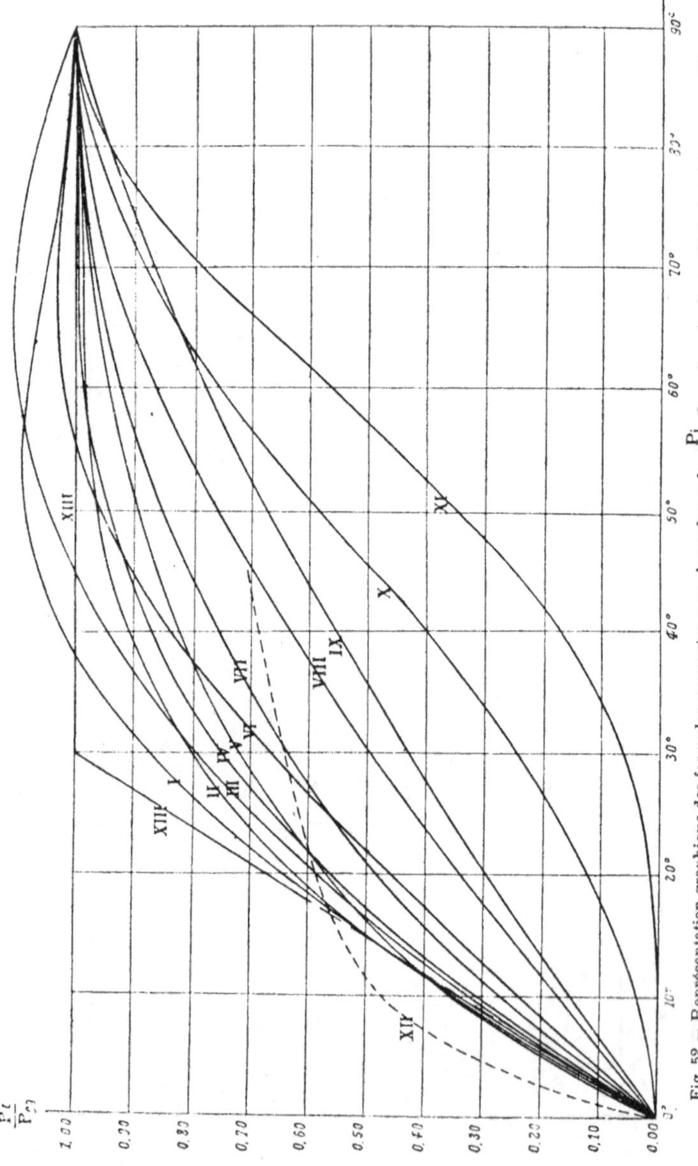

Fig. 52. — Représentation graphique des formules proposées pour les valeurs de $\dfrac{P_i}{P_{90}}$ des plans inclinés (Voir le tableau page 73).

## Formules empiriques

De nombreuses formules ont été proposées pour représenter les fonctions $f_y(i)$ et $f_x(i)$.

Nous reproduisons dans le tableau précédent dressé par M. Eiffel les formules destinées à fournir les valeurs des fonctions et les diagrammes de leurs valeurs (*fig.* 52); ceux-ci montrent surtout le désaccord qui règne entre ces formules et le peu de créance que l'on doit accorder à la plupart d'entre elles.

Il nous paraît bien malaisé d'ailleurs, qu'on puisse faire rentrer dans une même formule tous les éléments, inclinaison, surface, allongement, courbure, etc., qui influencent la poussée et la traînée d'une plaque.

Une chose paraît cependant acquise; c'est que dans les limites du vol des aéroplanes, le diagramme de la poussée a une allure rectiligne dont l'équation est de la forme.

$$Q = q\mathrm{KSV}^2 \times i$$

et que la traînée présente dans les mêmes limites une forme parabolique.

L'équation

$$X = q\mathrm{KSV}^2\,(ri^2 + ti + s)$$

proposée pour représenter ce diagramme n'a pas le même degré d'approximation que la première.

On serrerait de plus près la vérité en la considérant comme une parabole d'un ordre supérieur, mais la conclusion qui s'impose est que de nouvelles et nombreuses expériences sont encore nécessaires pour fixer ces formules et pour fournir les valeurs des coefficients qu'elles contiennent.

On a aussi recherché des formules capables de donner la position du centre de poussée.

Ces formules ont moins que les premières reçu leur forme définitive.

M. Soreau qui s'est particulièrement attaché à l'établissement des formules empiriques et théoriques a proposé la suivante :

$$x = l + mx + nx^2$$

6

$x$ étant le rapport entre la distance du centre de poussée au bord d'attaque et la largeur de la plaque.

M. Eiffel a proposé de son côté

$$z = \frac{1}{100} \, (ai^2 - bi + c)$$

$z$ est la distance du centre de pression en % de la largeur de la plaque.

Dans toutes ces formules, il reste à établir les relations des coefficients numériques avec la surface, l'allongement, la courbure, etc. Ces relations pour se déterminer, réclament de très nombreuses expériences.

## ÉTUDES THÉORIQUES

Des essais d'études théoriques n'ont pas manqué d'être tentés pour déterminer les valeurs des poussées dans les plaques obliques.

Nous donnerons un aperçu des principales.

### Théorie de Rankine

Rankine suppose que les filets fluides qui viennent au contact d'une plaque avec une vitesse $V_0$ s'infléchissent sur cette plaque sans changer de vitesse.

Si AB représente la vitesse d'entrée, AC la vitesse de sortie, on a AC = AB; le segment BC représente la vitesse de déviation totale. Sa composante verticale CD représente la vitesse de déviation horizontale.

Donc

$$V_y = CD = V \sin \alpha$$

$$V_x = BD = V (1 - \cos \alpha) = 2V \sin^2 \frac{\alpha}{2}$$

Le théorème des quantités de mouvement

$$\int_0^t p\,dt = \int_0^t V\,dM$$

s'écrira, en intégrant entre des limites différant de l'unité

$$P = MV.$$

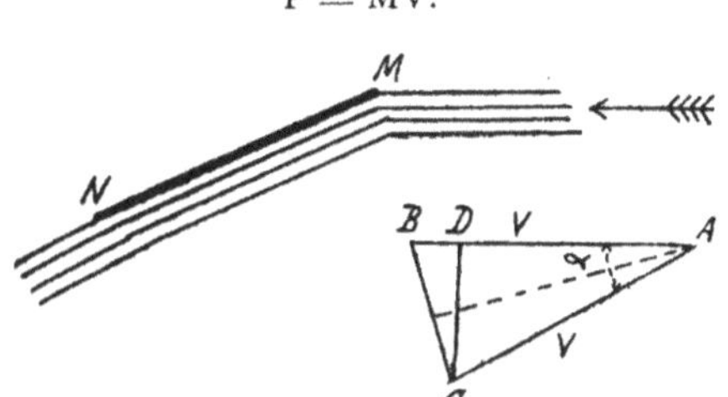

Fig. 53

M est la masse du fluide écoulé par seconde.
S est la section du fluide ainsi influencé

$$M = \frac{\Delta}{g} SV$$

On aura donc

$$Q = \frac{\Delta}{g} SV^2 \sin \alpha$$

$$X = 2 \frac{\Delta}{g} SV^2 \sin^2 \frac{\alpha}{2}$$

Dans les faibles inclinaisons, on peut écrire

$$Q = \frac{\Delta}{g} SV^2 \times \alpha$$

$$X = \frac{\Delta}{g} SV^2 \times \frac{\alpha^2}{2}$$

## Théorie de M. Rateau

M. Rateau applique la même méthode avec les hypothèses suivantes :

1° Un élément d'aile influence une certaine quantité de fluide qui dans l'ensemble peut être réduite à une lame d'épaisseur totale H proportionnelle à la longueur L de la plaque.

Il pose $\frac{H}{L} = k$.

2° Chaque lame fluide subit dans son passage sur la plaque une petite réduction de vitesse.

Il exprimait la vitesse de sortie par la formule

$$V = V_0 (1 - \varepsilon).$$

$\varepsilon.V_0$ était la vitesse perdue au contact de la plaque.

3° M. Rateau faisait de plus remarquer que l'air ne s'écoulait pas à partir du bord de sortie dans la direction de la tangente à la

Fig. 54

plaque mais dans une direction intermédiaire résultant de la combinaison des filets fluides qui ont suivi les deux faces de la plaque.

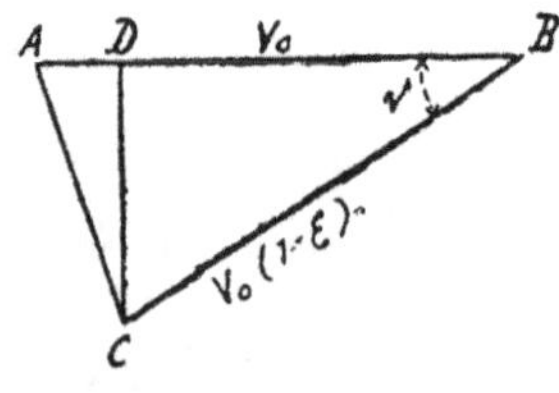



Fig. 55

Cet angle est différent de l'angle $\alpha$, sauf dans les plaques planes : M. Rateau l'appelle angle de déviation et le désigne par $\delta$.

C'est en fait l'angle d'inclinaison $i$.

M. Rateau écrit donc :

1° En appelant $l$ la largeur de la plaque dans le sens transversal au courant.

$$M = \frac{\pi}{g} H \times l\, V_0.$$

$H.l$ est la section de la veine fluide déviée.

Mais $\dfrac{H}{L} = k$ et $l.L = S$ surface de la plaque.

$$M = \frac{\pi}{g} k S V_0$$

2° Les composantes verticale et horizontale de la vitesse de sortie sont :

$$CD = V_y = V_0 (1 - \varepsilon) \sin \delta.$$

$$AD = V_x = V_0 - V_0 (1 - \varepsilon) \cos \delta = 2V_0 \sin^2 \frac{\delta}{2} + \varepsilon V_0 \cos \delta$$

Dans les faibles inclinaisons, on pourra poser
$V_y = V_0 \times \delta$ en négligeant $\varepsilon$ devanf l'unité et

$$V_x = V_0 \left( \frac{\delta^2}{2} + \varepsilon \right).$$

Donc

$$Q = \frac{\pi}{g} kSV^2_0 \times \delta.$$

$$X = \frac{\pi}{g} kSV^2_0 \left( \frac{\delta^2}{2} + \varepsilon \right).$$

Ces formules sont semblables aux formules empiriques

$$Q = qKSV^2 \times i.$$
$$X = qKSV^2 (ri^2 + ti \times s).$$

Les formules de M. Rateau reviennent à faire dans les dernières

$$qK = \frac{\pi}{g} k.$$

$$r = \frac{1}{2}.$$

$$t = 0.$$

$$\varepsilon = s.$$

$k$ serait donc un coefficient proportionnel à la qualité de sustentation $q$.

D'autre part, si on se rapporte au tableau page 72, on constate que les valeurs du facteur $r$ ne concordent pas avec la valeur 1/2 attribuée par cette théorie.

Cet écart provient de l'hypothèse faite par M. Rateau sur l'étendue de la zone influencée : il suppose que l'effet de sustentation est le même que celui d'une masse fluide qu'il suppose être déviée toute entière avec la vitesse totale.

Semblable hypothèse ne modifie pas la valeur de la poussée verticale, mais est de nature à altérer celle de la traînée.

Supposons en effet que l'angle de déviation des filets fluides varie graduellement de $\delta$ au contact de la plaque à zéro, à la limite de la zone influencée : l'effet de la déviation sera le même que celui d'une veine fluide doublée de hauteur dont tous les filets fluides seraient déviés de l'angle $\frac{\delta}{2}$.

La hauteur de la veine fluide déviée sera 2 H.

Les formules deviendraient alors

$$Q = \frac{\pi}{g}\, 2k\mathrm{SV}^2\, \frac{\delta}{2} = \frac{\pi}{g}\, k\mathrm{SV}^2 \times \delta$$

$$X = \frac{\pi}{g}\, 2k\mathrm{SV}^2 \left\{ \left(\frac{\delta}{4}\right)^2 + \varepsilon \right\} = \frac{\pi}{g}\, k\mathrm{SV}^2 \left(\frac{\delta^2}{8} + 2\varepsilon\right).$$

Le facteur $r$ a comme valeur dans ce cas :

$r = \frac{1}{8} = 0.125$, valeur qui se rapproche beaucoup plus de celles établies dans le tableau page 72.

## Théorie de M. Soreau

M. Soreau, dans une étude toute récente, suppose que cette variation de l'angle de déviation se fait suivant une loi logarithmique qu'il représente par la formule

$$\delta = n\,(i + n_1\,\beta)$$

dans laquelle

$$n = e^{-\left(\frac{1}{a}\right)^n} \qquad n_1 = e^{-\left(\frac{1}{a_1}\right)^n}$$

$a$ et $a_1$ sont tels que $n$ et $n_1$ deviennent très petits à la limite de la zone influencée. Il obtient des formules identiques, comme forme, aux formules empiriques générales.

Nous ne nous étendrons pas davantage sur ce chapitre. Faisons remarquer cependant que la forme générale des expressions de la poussée et de la traînée semble bien définitive mais qu'il reste à fixer les valeurs des coefficients numériques qui interviennent dans les formules. Théoriquement, on peut y être conduit par des hypothèses mais tous ces essais théoriques seront vains tant qu'on ne possédera pas une somme d'expériences permettant de déterminer la loi de variation de chacun de ces coefficients.

## Eléments de comparaison des surfaces sustentatrices

Les surfaces sustentatrices ont comme effet immédiat de fournir une poussée verticale.

On peut donc évaluer leur qualité de sustentation par comparaison avec une surface étalon de mêmes dimensions.

La formule de la poussée est

$$Q = q\mathrm{KSV}^2 i.$$

La surface étalon est celle qui fournit la poussée exprimée par

$$Q' = \mathrm{KSV}^2 \times i.$$

Le coefficient $q$ mesure la qualité sustentatrice de la plaque.

Ce coefficient ne tient pas compte du travail dépensé.

La poussée par unité de puissance ou le rapport $\dfrac{Q}{P}$ tient compte de la poussée et de la puissance : le colonel Renard lui avait donné le nom d'efficacité.

Ce rapport a deux expressions :

1° On a

$$Q = \varphi_y\, SV^2$$

$$P = X \times V = \varphi_x\, SV^3$$

formules expérimentales, d'où on tire

$$\frac{Q}{P} = \frac{\varphi_y}{\varphi_x}\; \frac{1}{V}\,.$$

$\dfrac{\varphi_y}{\varphi_x}$ est le coefficient d'efficacité pour une vitesse donnée ;

2° Entre les deux premières équations, on élimine V ; il vient

$$\frac{Q}{P} = \sqrt{\frac{\varphi_y^3}{\varphi_x^2}} \times \frac{S}{Q}\,.$$

$\sqrt{\dfrac{\varphi_y^3}{\varphi_x^2}}$ est le coefficient d'efficacité pour une poussée par unité de surface donnée.

Nous groupons dans le tableau suivant les valeurs des coefficients $\varphi_y$, $\varphi_x$, $\dfrac{\varphi_y}{\varphi_x}$, $\sqrt{\dfrac{\varphi_y^3}{\varphi_x^2}}$ et $q$ relatifs aux plaques essayées par MM. Eiffel et Rateau.

| INCIDENCE | | $\varphi y$ | $\varphi x$ | $\dfrac{\varphi y}{\varphi x}$ | $\sqrt{\dfrac{\varphi y^{3}}{\varphi x^{2}}}$ | $q.$ |
|---|---|---|---|---|---|---|
| $\alpha$ | $i$ | | | | | |
| 1° | | 0.0068 | 0 0019 | 3.56 | 0.291 | 4.85 |
| 2° | | 0.0140 | 0.0033 | 4.25 | 0.505 | 5.00 |
| 4° | | 0.0280 | 0.0061 | 4.60 | 0.780 | 5.00 |
| 6° | | 0.0371 | 0.0083 | 4.46 | 0.863 | 4.43 |
| 8° | | 0.0406 | 8 0100 | 4.06 | 0.818 | 3.63 |
| 10° | | 0.0431 | 0.0113 | 3.82 | 0.794 | 3.08 |
| 15° | | 0.0452 | 0.0142 | 3.18 | 0.681 | 2.50 |
| 20° | | 0.0472 | 0.0196 | 2.40 | 0.524 | 1.68 |
| —7° | 1° | 0.0042 | 0.0063 | 0.66 | 0.043 | 3.00 |
| —6° | 2° | 0.0084 | 0.0055 | 1.53 | 0.139 | 3.00 |
| —4° | 4° | 0.0170 | 0 0040 | 4.25 | 0.555 | 3.04 |
| —2° | 6° | 0.0260 | 0 0032 | 8 15 | 1.310 | 3.09 |
| 0° | 8° | 0.0340 | 0.0029 | 13 80 | 2.160 | 3.04 |
| 2° | 10° | 0.0428 | 0.0033 | 12.90 | 2.660 | 3.03 |
| 7° | 15° | 0.0614 | 0.0066 | 9.35 | 2.310 | 2.94 |
| 12° | 20° | 0.0740 | 0.0128 | 5.75 | 1.570 | 2.63 |
| 1° | | 0.0030 | 0.0003 | 10.00 | 0.550 | 2.22 |
| 2° | | 0.0061 | 0.0006 | 10.00 | 0.790 | 2.30 |
| 4° | | 0.0124 | 0.0014 | 8 90 | 0.985 | 2.21 |
| 6° | | 0.0187 | 0.0025 | 7.52 | 1.020 | 2.22 |
| 8° | | 0.0245 | 0.0039 | 6.55 | 0.985 | 2.18 |
| 10° | | 0.0303 | 0.0057 | 5.31 | 0.925 | 2.18 |
| 15° | | 0.0420 | 0.0120 | 3.50 | 0.715 | 2.00 |
| 20° | | 0.0502 | 0.0182 | 2.76 | 0.582 | 1.79 |
| —3° | 1° | 0.0031 | 0 0024 | 1.29 | 0.072 | 2.22 |
| —2° | 2° | 0.0061 | 0.0020 | 3.20 | 0.255 | 2.28 |
| 0° | 4° | 0 0128 | 0.0016 | 8.10 | 0.910 | 2.28 |
| 2° | 6° | 0 0194 | 0.0011 | 13.80 | 1.920 | 2.33 |
| 4° | 8° | 0.0250 | 0.0018 | 13.90 | 2.200 | 2.25 |
| 6° | 10° | 0 0312 | 0 0025 | 12.50 | 2.200 | 2.22 |
| 11° | 15° | 0.0450 | 0.0057 | 7.90 | 1.670 | 2.12 |
| 16° | 20° | 0.0566 | 0.0114 | 4.95 | 1.180 | 2.03 |

Row groups (left label column):
- **Plaque plane de 0ᵐ85 × 0ᵐ15 (M. Eiffel)** — first 8 rows.
- **Plaque courbe de 0ᵐ90 × 0ᵐ15 (M. Eiffel)** — next 8 rows.
- **Plaque plane de 0ᵐ50 × 0ᵐ30 (M. Rateau)** — next 8 rows.
- **Plaque courbe de 0ᵐ50 × 0ᵐ30 (M. Rateau)** — last 8 rows.

## Résultats généraux

Nous terminerons ce chapitre en donnant un aperçu des résultats acquis d'une manière scientifique en aérodynamique en ce qui concerne les plaques :

1) La poussée exercée par l'air sur une plaque se compose d'une pression exercée sur la face impulsive et d'une dépression produite sur la face dorsale. Cette dépression intervient pour une part très importante dans la poussée totale. Ces phénomènes de pression et de dépression sont particulièrement accentués au bord d'attaque.

Il se produit de plus le long des bords une bande de perturbation où la distribution des pressions et dépressions est irrégulière : à l'intérieur de cette bande la répartition parait se régulariser et se distribuer suivant des lignes parallèles au bord d'attaque; ,

2) Cette poussée totale est dans les limites du vol des aéroplanes très sensiblement proportionnelle au carré de la vitesse relative de l'air par rapport à la plaque ;

3) L'effort de sustentation n'est pas exactement proportionnel à la surface de la plaque plane, mais dès que cette surface dépasse un mètre carré et lorsque les côtés sont distants de plus de 0,50, cette proportionnalité paraît s'établir pour des plaques géométriquement semblables avec d'autant plus d'exactitude que ces surfaces sont plus étendues ;

4) L'effort unitaire de sustentation varie avec l'allongement des plaques ; il s'accroît avec l'envergure ;

5) La courbure exerce également une grande influence sur la valeur de la sustentation ; celle-ci s'accroit avec la courbure, mais ici le rapport entre la poussée et la trainée atteint rapidement une valeur maxima au delà de laquelle le rapport diminue rapidement ;

6) Pour toutes les espèces de plaques, le diagramme de l'effort unitaire de sustentation $\varphi_y$ est dans les incidences de vol sensiblement rectiligne et son expression est de la forme $i\varphi_y = \varphi \times i$ ;

7) L'effort unitaire de résistance à l'avancement affecte de son côté une forme parabolique et dans les mêmes limites sa variation peut, mais d'une manière moins précise que pour le précédent, être représentée par une relation de la forme $\varphi_x = \varphi\, (ri^2 + ti + s)$ ;

8) L'attaque oblique est favorable à la sustentation. Le coefficient

$\gamma$ qui entre dans l'équation $Q = \gamma SV^2 \times i$ de la poussée est en effet plus grand que le coefficient K des plaques orthogonales;

9) Les plaques subissent au contact de l'air un frottement qui, pour certaines incidences, est favorable à l'avancement. En dessous de ces incidences, le frottement est dirigé en sens contraire. La poussée totale résultante de la réaction dynamique et du frottement n'est donc pas normale à la plaque;

10) La position du centre de poussée varie avec l'incidence, l'allongement et la courbure de la plaque; elle varie parallèlement à la répartition des pressions de la face impulsive et des dépressions de la face dorsale. Il se rapproche du bord d'attaque dans les faibles incidences, mais sa loi de variation est plus irrégulière que celle des efforts unitaires.

## Applications au calcul des aéroplanes

Les formules empiriques et théoriques établies pour calculer la poussée et la traînée des plaques planes ou courbes n'ont pas encore reçu de sanction pratique suffisante pour pouvoir être appliquées en toute sécurité au calcul des ailes aéroplanes.

Il est donc encore nécessaire de dégager par des expériences l'influence des éléments d'incidence, surface, allongement, courbure et épaisseur qui influencent la résistance et la sustentation offertes par des ailes d'aéroplanes.

De semblables expériences sur des modèles de grandeur naturelle sont les seules qui puissent faire foi; on ne peut se rapporter aux essais sur modèles réduits avant de connaître avec précision les valeurs du coefficient par lequel on devra multiplier les résultats obtenus sur les modèles réduits pour passer aux résultats fournis par des aéroplanes de grandeur naturelle. Ce coefficient a été déduit par M. Eiffel en comparant les valeurs des vitesses, poussées et puissances obtenues sur des aéroplanes, à celles calculées en partant d'expériences sur modèles réduits, mais il ne sera susceptible d'applications certaines que quand il aura fait l'objet de recherches directes.

Nous donnons ci-après le résumé des recherches intéressantes faites par M. Eiffel sur des modèles réduits.

# EXPÉRIENCES SUR DES MODÈLES RÉDUITS D'AILES D'AÉROPLANES

M. Eiffel a continué ses recherches par des expériences intéressantes et instructives sur des modèles réduits d'ailes d'aéroplanes.

Nous reproduisons la planche où il a groupé les diagrammes polaires des profils expérimentés, en les limitant aux incidences intéressant l'aviation. Pl. IV.

Ces ailes doivent être étudiées au point de vue de la sustentation et de la traînée, de la répartition des pressions et des variations des centres de poussée.

Ainsi que la remarque en a été faite déjà, les meilleures conditions d'utilisation correspondent à l'incidence qui fournit la valeur minima du rapport $\dfrac{K_x}{K_y}$ et l'aile qui aura la plus d'efficacité sera celle qui, dans ces conditions, offrira le plus grand coefficient de sustentation.

La répartition des pressions a aussi une grande importance au point de vue de la construction de l'aile ; celle-ci doit présenter la plus forte épaisseur aux points de pression maxima, de façon à pouvoir recevoir à cet endroit les longerons qui constituent leur membrure résistante. On doit également et pour les mêmes raisons, éviter les accroissements exagérés de la dépression dorsale et augmenter l'importance de la face impulsive.

Les variations du centre de pression doivent être aussi réduites que possible.

Dans le but de mettre ces différents points en évidence, M. Eiffel a construit, pour chacun de ces profils, une planche spéciale dont nous reproduisons à titre de spécimen, celle qui se rapporte à l'aile circulaire de flèche 1/13,5.

Cette planche comprend huit épures :

La *première épure,* est la construction du profil de l'aile et des éléments de l'effort unitaire, pour une inclinaison de 6°.

M. Eiffel considère à juste titre, que dans les applications, on doit se placer dans les environs de l'angle de vol et admettre que la sustentation est proportionnelle à l'inclinaison dans cette région. Les valeurs voisines sont plus exactes que si on prenait comme origine le point de sustentation nulle, comme on en avait l'habitude jusque maintenant, M. Eiffel a donc adopté comme incidence principale celle de 6° et il a construit pour cette inclinaison les éléments de l'effort unitaire ; la direction de la poussée totale se confond à ce moment sensiblement avec celle de la normale à la corde.

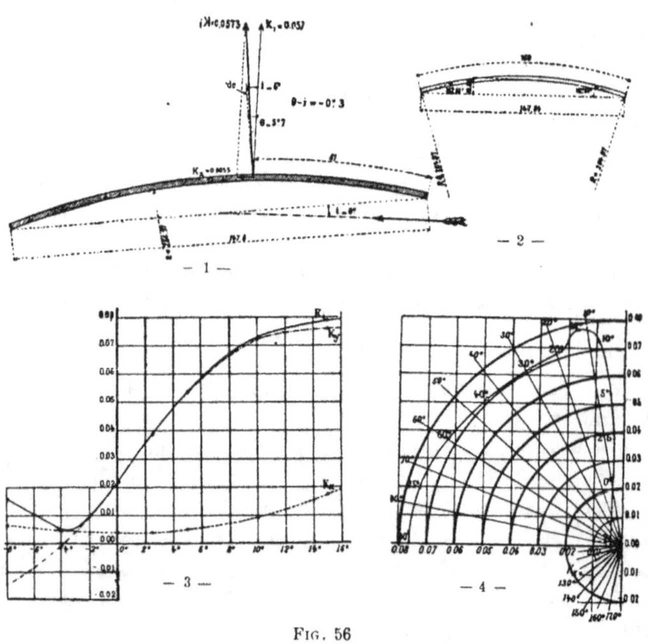

Fig. 56

La *seconde épure* est le tracé géométrique de l'aile.

La *troisième épure* est un diagramme où se trouvent reportées les valeurs des efforts unitaires, totaux $K_i$, verticaux $K_y$, horizontaux $K_x$, pour des incidences variant de — 8° à 16°.

Cette épure montre particulièrement bien que la courbe du coefficient $K_y$, dans les limites d'incidences intéressant l'aviation, a une allure sensiblement rectiligne et que la courbe du coefficient $K_x$ a une forme parabolique.

L'effort de sustentation s'annule pour une inclinaison négative égale à 4°.

La *quatrième épure* est le diagramme polaire des mêmes efforts unitaires.

La *cinquième épure* est le diagramme rectangulaire des positions des centres de poussée.

La *sixième épure* en est le diagramme polaire.

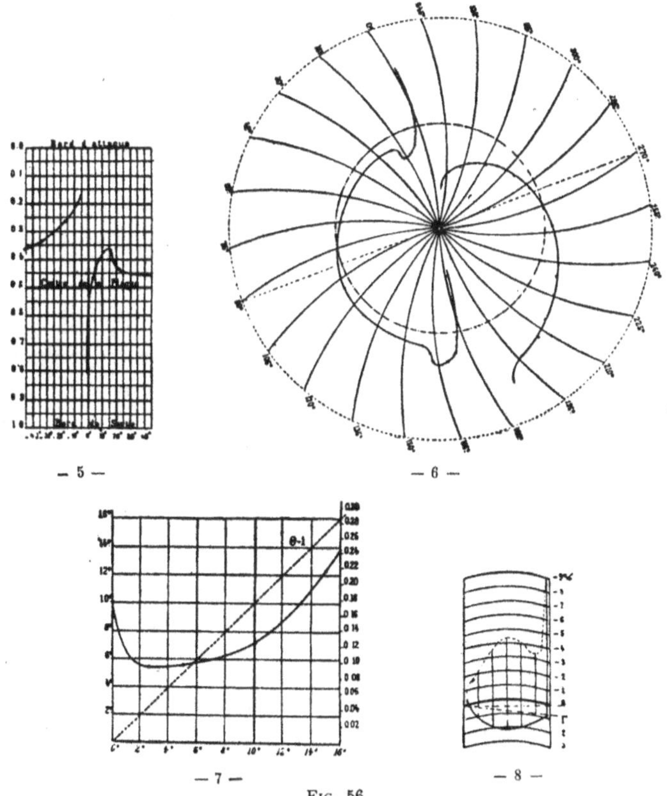

FIG. 56

La *septième épure* est le diagramme des valeurs des rapports $\dfrac{K_x}{K_y}$, donnant également les valeurs des angles $\theta - i$, formés par la poussée totale avec la normale à la corde de la plaque. Cet angle devient nul pour une incidence voisine de 6° que M. Eiffel a choisi comme incidence principale.

Enfin la *huitième épure* donne la répartition des pressions dans la section moyenne de la plaque. On constate un relèvement de la dépression vers le milieu de la section.

M. Eiffel a construit une planche semblable pour les 14 modèles d'ailes expérimentées.

Nous ne pouvons nous dispenser de faire remarquer la somme considérable de recherches et de travail nécessaires à l'établissement de ces planches et les précieux éléments de calcul et de comparaison qu'elles fournissent.

Comme conclusion de ces essais une question se pose :

*Qu'elle est la meilleure forme d'aile ?*

Nous avons dans le tableau suivant reporté les valeurs minima du rapport $\dfrac{K_x}{K_y}$ et pour celles-ci les angles d'inclinaison et les valeurs du coefficient de sustentation, en les classant par ordre de grandeur du rapport $\dfrac{K_x}{K_y}$ .

| $N^{os}$ | $i$ | $\dfrac{K_x}{K_y}$ | $K_y$ | CONSTRUCTEURS |
|---|---|---|---|---|
| 12 | 2° | 0,068 | 0,016 | Farman |
| 7 | 2° | 0,07 | 0,018 | plane dessous, circulaire dessus |
| 11 | 2° | 0,07 | 0,020 | Voisin |
| 13bis | 4° | 0,07 | 0,032 | Blériot n° XIbis |
| 2 | 2° | 0,08 | 0,021 | circulaire 1/27 |
| 6 | 2° | 0,088 | 0,040 | plane à l'avant, courbe à l'arrière |
| 5 | 5° | 0,09 | 0,044 | courbe à l'avant, plane à l'arrière |
| 3 | 2° 6 à 6° | 0,09 à 0,102 | 0,01 à 0,057 | circulaire 1/13,5 |
| 8 | 2° à 6° | 0,094 à 0,098 | 0,031 à 0,052 | en croissant |
| 10 | 2° à 6° | 0,098 à 0,11 | 0,028 à 0,045 | Wright |
| 13 | 4° à 8° | 0.11 à 0,114 | 0,035 à 0,053 | Blériot XI |
| 9 | 6° | 0,125 | 0,058 | aile d'oiseau |
| 4 | 6° | 0,14 | 0,070 | circulaire 1/7 |
| 1 | 6° | 0,16 | 0,027 | plane |

Ce tableau permet de se faire une opinion de la valeur relative des ailes, mais, ainsi que le fait remarquer M. Eiffel, l'aile la plus favorable dépend surtout des conditions particulières du problème à résoudre.

Il signale cependant les bons résultats fournis par les essais des ailes n° 3 et 8 qui pourraient être admis d'une manière générale dans un avant-projet. L'aile n° 8 offre en plus une répartition de la dépression dorsale plus rationnelle que les autres.

D'autre part, certains profils, comme le profil n° 1, sont à rejeter sans discussion.

Contrairement à ce qu'on pourrait croire le profil en forme d'aile d'oiseau est un des moins recommandables pour profiler une aile d'aéroplane.


## Expériences sur des modèles d'aéroplanes


M. Eiffel a de plus fait des essais sur des modèles d'aéroplanes réduits au 1/10 : il a mesuré les efforts exercés sur l'ensemble et sur les différentes parties du modèle : en particulier les résistances parasites.

Il a soumis à ces essais un spécimen du monoplan Esnault-Pelterie et un du monoplan Nieuport.

M. Eiffel fait remarquer que les résultats obtenus ne peuvent être étendus aux aéroplanes sans être modifiés.

Des expériences directes sur des aéroplanes n'ayant pas encore été effectuées, on ne connaît pas le coefficient d'accroissement dont devraient être affectés les résultats d'expériences, pour être appliqués aux appareil eux-mêmes. M. Eiffel a admis cependant, que l'accroissement pouvait être évalué à 1/10 : les calculs établis d'après cette hypothèse concordent, en général, assez exactement avec les valeurs communiquées par les constructeurs. M. Eiffel estime donc que si l'augmentation du 1/10 n'est pas vérifiée d'une manière rigoureuse, elle paraît assez probable pour suffire dans les calculs pratiques.

Des essais de ce genres, si leur efficacité était bien reconnue, seraient extrêmement utiles pour déterminer à l'avance sur un modèle réduit peu coûteux et à la rigueur sur un modèle d'aile, les résultats que l'on peut attendre d'un aéroplane en projet. Il est à l'heure actuelle dangereux d'innover, car l'essai d'un appareil mal conçu, peut coûter la vie au pilote qui en fait l'expérience.

## Application au calcul d'aéroplanes

M. Eiffel a cru pouvoir disposer des connaissances acquises, pour établir une méthode de calcul des divers éléments qui interviennent dans la construction d'un aéroplane.

Ces éléments sont :

Le poids, Q ;

La trainée, X ;

La surface alaire, S ;

La surface équivalente aux résistances parasites, S'.

En admettant comme valeur du coefficient de résistance du plan mince 0,080, ces résistances parasites ont comme valeur, $0,080\, S'\, V^2$ ; on pose $r = 0,080\, S'$.

La vitesse relative de l'air, V ;

La puissance utile du moteur P, c'est-à-dire sa puissance mesurée au frein multipliée par le rendement de l'hélice;

Enfin la forme et l'incidence des ailes.

Ces quantités sont reliées par trois équations :

$$X = K_x\, SV^2$$
$$Q = K_y\, SV^2$$
$$P = XV + rV^3$$

Les deux premières sont les équations de la trainée et de la poussée : la troisième est l'équation de la puissance dans laquelle, $rV^3$, représente le travail des résistances parasites et, XV, le travail de la trainée des ailes. Ces équations introduisent deux quantités supplémentaires : $K_x$ et $K_y$ qui tiennent compte de la forme et de l'incidence des ailes.

Trois équations relient donc huit quantités : elles ne peuvent être résolues que si on donne 5 d'entre elles.

Le problème peut se poser de plusieurs manières :

Nous en donnons un exemple.

*On se donne les cinq quantités Q, S, S', P, V.*

Éliminons X entre ces équations :

Dans ce but écrivons :

$$K_x = \frac{X + r V^2}{S V^2} - \frac{r}{S} = \frac{(X + r V^2)\, V}{S V^3} - \frac{r}{S}$$

Comme on a :

$$P = (X + r\,V^2)\,V$$

il vient :

$$K_x = \frac{P}{S\,V^2} - \frac{r}{S}$$

On a de plus :

$$K_y = \frac{Q}{S\,V^2}$$

D'autre part, M. Eiffel a admis que pour étendre les résultats expérimentaux obtenus sur des modèles réduits d'ailes ou d'aéroplanes, on pouvait admettre que les coefficients unitaires $K_x$ et $K_y$ soient augmentés de 1/10, les équations précédentes s'écriront :

$$K_x = \frac{P}{1{,}1 \times S\,V^2} - \frac{r}{1{,}1 \times S} \text{ et } K_y = \frac{Q}{1{,}1 \times S\,V^2}$$

Ces équations fournissent les valeurs de $K_x$ et de $K_y$.

Pour que le problème soit possible, il faut que le point dont les coordonnées sont $K_y$ et $K_x$ se place sur la courbe polaire expérimentale de l'aile qu'on destine à l'appareil. Si le point tombe en dehors, il faut modifier la valeur d'un des éléments. Celui qui est tout indiqué est la vitesse V ; les autres sont plutôt des données de construction. On peut donc compléter le problème en demandant : *à quelles vitesses, l'aile choisie dont on a construit expérimentalement la courbe polaire, conviendra-t-elle ?*

Il suffit de rendre V variable indépendante et de tracer la courbe des points dont les coordonnées sont $K_x$ et $K_y$, et de déterminer ses points de rencontre avec la polaire de l'aile. Cette courbe est appelée par M. Eiffel courbe $\gamma$. Si cette courbe rencontre la polaire en un ou en deux points, le problème comporte une ou deux solutions : dans ce dernier cas on peut adopter la vitesse la plus avantageuse, en choisissant l'incidence fixée par le point de rencontre. Si ces courbes ne se coupent pas, l'aile choisie ne peut convenir en aucun cas.

La figure 57 représente un exemple résolu avec l'aile Wright, et les données suivantes :

$$P = 26 \text{ chx} \qquad Q = 570 \text{ kg} \qquad S = 40 \text{ m}^2 \qquad r = 0{,}080 \times 1{,}5 \text{ m}^2$$
$$S = 1{,}5 \text{ m}^2$$

La courbe $\gamma$ est tracée au moyen de ces données en faisant varier la vitesse et en inscrivant sur la courbe les valeurs de V aux points qu'elles ont servi à déterminer. La courbe $\gamma_1$, est construite en donnant à S′ une valeur égale à 0m²5 au lieu de 1m²50 ; la courbe $\gamma_2$ en supposant que le poids Q est augmenté de 70 kg., poids d'un passager.

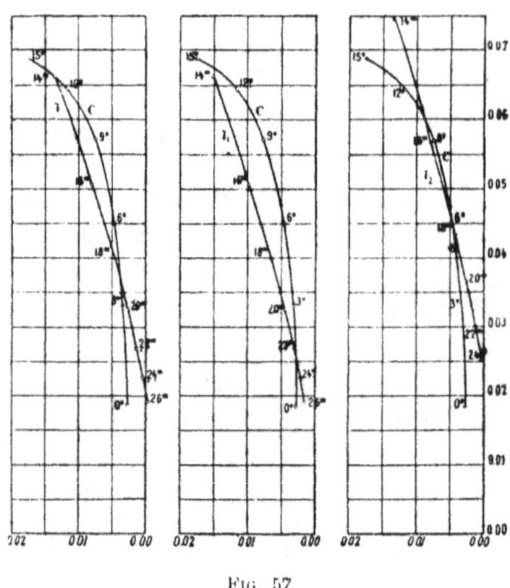

Fig. 57

Dans un projet d'aéroplane, on ne peut pas, en effet, partir de données invariablement fixées ; il convient d'envisager la variation de la surface équivalente aux résistances parasites, qui sont d'ailleurs mal connues, et la variation du poids Q.

On pourrait d'ailleurs multiplier les conditions du problème ; M. Eiffel a recherché s'il ne serait pas possible de relier tous les éléments par des abaques sur lesquels une simple construction graphique conduirait à la solution du problème, dans des conditions quelconques.

M. Eiffel y est parvenu, mais au prix de certaines complications qui ne nous paraissent pas se prêter à un résumé suffisamment concis pour trouver place dans cette note.

Nous renvoyons à son ouvrage « La résistance de l'air et l'aviation ».

*Second exemple.* — Cependant nous croyons utile d'indiquer la solution du problème posé de la manière suivante :

On donne le poids Q, la surface S, la surface S′ équivalente aux

LA RÉSISTANCE DE L'AIR 

résistances parasites, enfin les diagrammes des coefficients unitaires $K_y$ et $K_x$ du modèle choisi.

On demande de rechercher la vitesse V et la puissance P.

Soit $Q = 400$ kg     S $= 40$ m²     S$' = 1$ m² 50.

A titre de comparaison, appliquons la recherche à une aile plane et à une aile circulaire de flèche $\dfrac{1}{13,5}$.

Nous nous servirons des données fournies par M. Eiffel pour la plaque plane de $0,85 \times 0,15$ et la plaque courbe de $0,90 \times 0,15$; suivant les indications de M. Eiffel tous les coefficients unitaires doivent être multipliés par 1,10.

Nous dresserons les tableaux des valeurs cherchées.

La formule $Q = K_y SV^2$ fournit celles de la vitesse;

La formule $X = K_x SV^2$ donne celles de la traînée;

La formule $P = XV + rV^3$ celles de la puissance.

| Incidence α° | Efforts unitaires | | Vitesse | | Traînée des ailes | Traînée totale | Puissances | | |
|---|---|---|---|---|---|---|---|---|---|
| | $1,1\times k_y$ | $1,1\times k_x$ | mètres par 1" | kilom. à l'heure | | | X.V | r.V³ | totale HP |
| Données de la plaque plane de 0m85 × 0m15. | | | | | | | | | |
| 1º | 0.0075 | 0.0024 | 36.40 | 131.0 | 127.0 | 259.4 | 4620 | 4800 | 125.0 |
| 2º | 0.0154 | 0.0036 | 25.50 | 92.0 | 93.5 | 158.0 | 2340 | 1660 | 58.4 |
| 4º | 0.0309 | 0.0067 | 18.00 | 65.0 | 87 0 | 119.4 | 1565 | 585 | 28.8 |
| 6º | 0.0410 | 0.0091 | 15.60 | 56.0 | 89.0 | 80.0 | 1385 | 380 | 23.6 |
| 8º | 0.0447 | 0.0110 | 14.90 | 53.6 | 98.0 | 75.2 | 1460 | 330 | 24.0 |
| 10º | 0.0475 | 0.0124 | 14.50 | 52.3 | 104.0 | 73.3 | 1560 | 305 | 24.9 |
| 15º | 0.0500 | 0.0156 | 14.10 | 50.8 | 125.0 | 78.6 | 1760 | 283 | 27.3 |
| Données de la plaque courbe de 0m90 × 0m15. | | | | | | | | | |
| —2 | 0.0286 | 0.0035 | 18.70 | 67.5 | 49.0 | 83.9 | 960 | 650 | 21.4 |
| 0 | 0.0375 | 0.0032 | 16.10 | 58.0 | 34.5 | 60.4 | 556 | 418 | 13.0 |
| 2 | 0.0471 | 0.0036 | 14.50 | 52.2 | 30.5 | 51.5 | 442 | 305 | 10.0 |
| 4 | 0.0560 | 0.0047 | 13.35 | 48.0 | 33.6 | 51.4 | 450 | 240 | 9.2 |
| 6 | 0.0637 | 0.0064 | 12.50 | 45.0 | 39.9 | 59.5 | 500 | 194 | 9.3 |
| 8 | 0.0710 | 0.0083 | 11.85 | 42.6 | 46.5 | 60.5 | 550 | 168 | 9.7 |
| 10º | 0.0770 | 0.0110 | 11.40 | 41.0 | 57.0 | 69.9 | 650 | 148 | 10.7 |

Ce tableau suggère quelques observations :

1° La puissance nécessaire est beaucoup moindre avec l'aile courbe qu'avec l'aile plane, pour des vitesses qui ne différent pas sensiblement dans les inclinaisons moyennes.

C'est la condamnation des ailes planes ;

2° La puissance présente une valeur minima. L'aile présente donc à ce point de vue une incidence optima qui se trouve pour l'aile courbe dans le voisinage de l'incidence de 4° ;

3° La vitesse ne cesse de décroître quand l'incidence augmente.

Ces données que nous avons choisies correspondent à des vitesses réduites, dangereuses pour la sécurité de marche.

Nous nous poserons donc le problème suivant : « *En supposant qu'une aile marche à une incidence donnée, quel est le procédé le plus avantageux pour accroître la vitesse ?* »

Les résistances parasites étant supposées constantes, nous en ferons abstraction dans ce calcul, mais on remarquera que leur influence devient prépondérante puisque la puissance qu'elles exigeront augmentera comme le cube de l'accroissement de vitesse.

La vitesse est donnée par la formule

$$Q = K_y S V^2$$

d'où

$$V = \sqrt{\frac{1}{K_y}\frac{Q}{S}}$$

avec un type d'aile, $K_y$ est constant ; on doit donc agir sur le rapport $\dfrac{Q}{S}$ , c'est la poussée par mètre carré de l'aile.

Pour augmenter ce rapport, on peut augmenter Q ou diminuer S.

*1$^{er}$ Cas.* — On peut augmenter Q ; on conserve la valeur de S.

Soit :

$$V' = m \times V$$
$$Q' = m^2 Q$$

On aura donc

$$P' = X' \times V' = K_x S V'^3 = K_x S \times m^3 V^3$$
$$P = K_x S V^3$$

Donc

$$P' = m^3 \times P$$

et

$$X' = K_x S V'^2 = K_x S m^2 V^2 = m^2 X$$

$2^{me}$ *Cas.* — On conserve le poids Q et on diminue S.

On posera encore $V' = m \times V$

$$Q = K \ SV^2$$

Dans la formule $Q = K_y SV^2$

puisque Q ne change pas, on aura

$$Q = K_y S'V'^2 = K_y m^2 S'V^2$$

Donc

$$S' = \frac{S}{m^2}$$

De plus

$$P' = K_x S'V'^3 = K_x \frac{S}{m^2} m^3 \times V^3 = m \times K_x SV^3 = m \times P$$

$$X' = K_x S'V'^2 = K_x \frac{S}{m^2} m^2 \times V^2 = K_x SV^2 = X$$

On voit qu'il y a un avantage considérable, au point de vue de la puissance dépensée, à diminuer la surface alaire, en maintenant le poids total constant, c'est-à-dire en augmentant le poids par mètre carré de voilure, mais d'autre part, comme les résistances parasites demandent une puissance qui s'accroît comme le cube de $m$, la réduction de puissance et le problème de la vitesse dépendront tout autant de la réduction de ces résistances parasites.

Si à l'inclinaison de 4° on voulait doubler la vitesse, c'est-à-dire faire du 66 à l'heure, ce qui n'est qu'une vitesse moyenne, la puissance dépensée par les ailes sera de 900 kilogrammètres, tandis que les résistances parasites absorberaient 1920 kilogrammètres; la puissance totale deviendrait égale à 39 HP au lieu de 9,2 ; la surface des ailes serait réduite à 10 mètres carrés.

Cette solution n'est cependant pas acceptable, car une augmentation de puissance entraînerait un poids plus considérable; le premier cas serait alors à appliquer.

## III

# L'air comme point d'appui des propulseurs

Les propulseurs peuvent se diviser en deux classes : les premiers fonctionnant par réaction directe, à la manière des fusées : les seconds prenant leur point d'appui sur l'air.

Dans cette classe se rangent les ailes battantes et l'hélice.

Un appareil intermédiaire est la turbine.

De tous ces appareils, l'hélice seule a fourni des résultats pratiques et sans vouloir préjuger de l'avenir des autres propulseurs, nous estimons.qu'à l'heure actuelle, l'hélice doit seule retenir notre attention.

Théoriquement, une aile d'hélice est une portion d'hélicoïde à plan directeur. Dans une hélice construite comme un hélicoïde à plan directeur, le pas de l'hélice est constant : l'inclinaison des hélices tracées sur la surface est variable.

Dans certaines hélices, on rend constant l'angle d'attaque ; les hélices tracées sur la surface à diverses distances de l'axe, n'ont plus un pas identique mais un pas variable.

Ces hélices sont construites à deux, trois ou quatre ailes : on les fait en métal ou en bois.

L'hélice n'est pas toujours destinée à assurer la progression des appareils, mais on a cherché à réaliser par son intermédiaire une sustentation indépendante dans les appareils d'aviation dénommés *hélicoptères*.

Dans ces appareils, l'hélice fonctionne sans avance, comme une hélice qui est essayée au point fixe.

Comme les hélices peuvent être essayées beaucoup plus aisément au point fixe, on est porté à établir leur théorie et leur rendement préalablement à ceux des hélices propulsives.

La théorie de l'hélice est une question à l'ordre du jour : elle a tenté de nombreux théoriciens et expérimentateurs et suscité de nombreux travaux, qui à l'heure actuelle n'ont pas encore trouvé de liens assez communs pour pouvoir être unifiés.

On paraît plutôt s'éloigner de l'unité, que d'y converger, mais sans aucun doute, lorsque des expériences assez nombreuses auront été effectuées, toutes ces théories se ramèneront à des types classiques.

Ces théories se sont en effet beaucoup plus multipliées que les expériences.

On ne possède jusque maintenant d'expériences sur les hélices propulsives que celles du capitaine Dorand, et tout récemment celles de M. Eiffel.

Les premières ont été faites sur des hélices de grandeur naturelle à l'air libre ; les secondes ont été effectuées sur des modèles réduits, dans le courant d'air artificiel du tunnel de M. Eiffel.

Ces expériences ne sont pas suffisantes pour grouper une somme de résultats assez complets et capables de déterminer la part d'influence qui revient aux divers éléments tels que nombre, largeur et profil des ailes, angle d'attaque, diamètre périphérique, nombre de tours, poussée, puissance et rendement, qui intéressent le fonctionnement de l'hélice.

La poussée produite et la puissance dépensée, ont reçu des expressions qui tendent toutes à se ramener à une forme unique qui est celle proposée par le Colonel Renard ; mais ces expressions comportent des coefficients qui sont variables et qui dépendent des autres éléments.

L'idéal d'une théorie serait d'avoir autant de relations qu'il y a d'inconnues à déterminer.

Des tentatives ont été faites pour établir des relations analytiques entre les autres éléments que nous venons d'énumérer. Nous estimons qu'il est bien difficile d'établir théoriquement toutes ces relations et qu'une partie sera toujours d'ordre expérimental ; pour qu'elles soient acceptables, il est nécessaire qu'elles soient étayées et justifiées dans tous les cas pratiques par des résultats d'expériences.

Sans vouloir diminuer en rien l'utilité de nouvelles tentatives théoriques qui apportent chacune leur contribution au progrès de cette science, ce sont des expériences qui sont réclamées, non seulement par les constructeurs, mais par les théoriciens dans l'esprit desquels l'incertitude règnera toujours jusqu'à ce que leur théorie soit confirmée ou démentie par l'expérience. La concentra-

# Expériences de M. Flamm

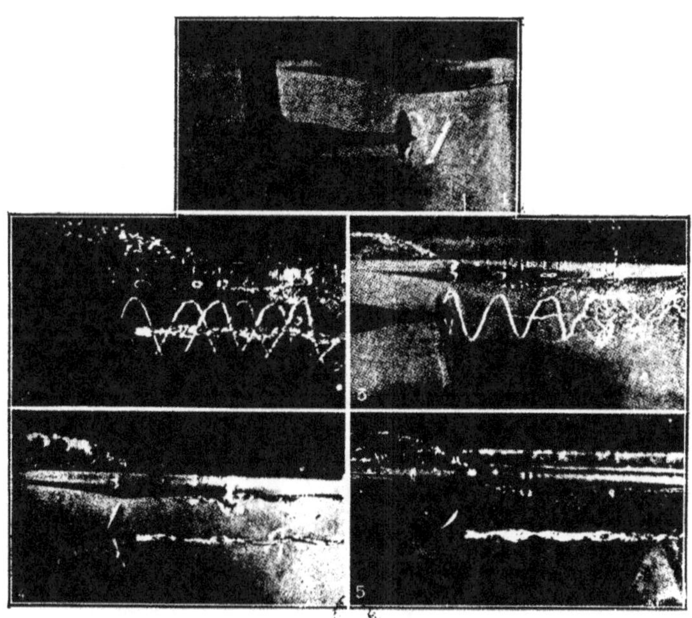

Fig. 1.  $r =$ faible vitesse   Fig. 2.  $r = 2.7$ m. sec.   Fig 3.  $r = 1.90$ m. sec.
  $n = 3600$       $n = 2500$       $n = 2500$
  $g = 15$ kg        $g = 0$         $g = 2.0$ kg

   Fig. 4.  $r = 2.75$ m. sec.   Fig. 5.  $r = 2.45$ m. sec.
      $n = 2100$        $n = 2500$
      $g = 3$ kg        $g = 4.0$ kg

*Légende s'appliquant à toutes les figures:* — $r$, représente la vitesse du modèle en mètres par seconde; — $n$, indique le nombre de révolutions de l'hélice par minute; — $g$, est le poids placé sur le plateau disposé à l'extrémité du bassin et représente la résistance à la marche du modèle.

tion des théories ne se fera qu'à ce moment, et nous croyons que l'on sera ramené à des conceptions plus simples que celles que l'on rencontre actuellement.

Nous nous efforcerons dans ce qui va suivre, de dégager, autant qu'on peut le faire actuellement, les méthodes générales qui peuvent servir de base à une théorie de l'hélice, et nous ferons pour chacune d'elles, l'exposé des théories qui nous paraissent le mieux les caractériser.

Pour arriver à ce but d'une manière rationnelle, nous croyons qu'il faut avant tout, s'efforcer de se rendre compte du mode d'action de l'hélice.

# MODE D'ACTION DE L'HÉLICE

Ici encore, les expériences seules capables de signaler ces phénomènes, sont peu nombreuses.

Celles qui nous paraissent apporter les renseignements les plus précis sont les expériences de M. Flamm, professeur à l'Ecole technique supérieure de Charlottenbourg, sur des hélices maritimes, et de M. Riabouchinsky, sur des hélices aériennes.

## Expériences de M. Flamm

L'appareil employé par M. Flamm, consiste en un bassin rempli d'eau de 10$^m$00 de longueur, 0$^m$80 de largeur et 0$^m$60 de profondeur, dans lequel peut se mouvoir un modèle de navire en forme de fuseau portant à l'arrière une hélice. Le petit modèle est relié au moyen de tiges rigides à un chariot mobile roulant sur le bord supérieur du bassin et sur ce chariot est installé un petit moteur électrique qui, par un système d'engrenages, actionne l'arbre de l'hélice.

A l'avant et à l'arrière de ce chariot sont attachés de petit câbles, qui, après avoir passé sur une poulie fixée à chaque extrémité du bassin, se terminent par un plateau où l'on peut placer des poids.

Treize types d'hélices, ayant des diamètres variant entre 60 et 124 $^m$/$^m$ ont été successivement étudiées.

L'action de l'hélice sur l'eau a été mise en lumière dans ces expériences, en photographiant les résultats de la manière suivante.

Les parois du bassin étaient formées de plaques de verre, et deux puissants projecteurs de 12.000 bougies chacun, projetaient une vive lumière sur ces plaques et éclairaient en même temps la masse d'eau. Sur le côté opposé de ce bassin était installé un appareil photographique pouvant prendre des clichés avec une pose de 1/1000 de seconde.

On a pu ainsi relever un nombre considérable de photographies dont nous reproduisons, d'après un article de M. Bonnin, paru dans la *Nature*, du 16 avril 1910, les plus caractéristiques avec les conclusions qu'on peut en tirer.

M. Flamm fait remarquer la présence au-dessus de l'hélice d'une cavité s'étendant dans l'eau à l'arrière et à l'avant de l'hélice et dont la profondeur maxima se trouve dans l'aplomb de l'hélice. Cette cavité est due à l'aspiration produite par l'hélice et dont l'intensité maxima se manifeste à la périphérie.

Une seconde constatation, parfaitement visible, est que la masse d'eau refoulée à l'arrière par l'hélice, conserve jusqu'à une assez grande distance de l'hélice une forme entièrement cylindrique. Aucune dispersion due à la force centrifuge n'a été remarquée. Les lignes blanches en forme d'hélices qui se montrent très bien sur certaines photographies et qui sont dues à la présence d'air aspiré conservent leur forme régulière quelque soit le type d'hélice employée.

Une troisième observation consiste dans la présence d'un appendice sous forme de colonne d'air atteignant parfois 1 mètre de longueur qu'on remarque à l'arrière de l'hélice et dans son axe. Cette colonne d'air semble due au mouvement de gyration de l'eau qui produit une cavité centrale où l'air s'accumule.

M. Flamm a tiré de ces expériences des conclusions qui n'intéressent pas les hélices aériennes, mais qui ont une importance capitale dans les hélices maritimes à grande vitesse, au sujet du phénomène de la cavitation. Celle-ci est due, à son avis, non plus à une rupture du cylindre d'eau, mais à une aspiration de l'air par l'hélice à l'endroit de la cavité qui se produit dans l'eau au-dessus de l'hélice. Cet air se mélange à l'eau et fait fonctionner l'hélice maritime comme une hélice aérienne au grand détriment de la poussée.

## Expériences de M. Riabouchinsky

Des expériences sur les hélices aériennes ont été effectuées par M. Riabouchinsky, au laboratoire de l'Institut aérodynamique de Koutchino et sont publiées dans le fascicule II du *Bulletin* de cet Institut.

Comme la transparence de l'air s'oppose, sans autre moyen, à l'exécution de clichés photographiques, les phénomènes d'écoulement de l'air qui se produisent au voisinage de l'hélice ont été révélés en mesurant la vitesse du courant d'air en amont et en aval de l'hélice.

M. Riabouchinsky a exploré au moyen d'un anémomètre, les deux faces d'une hélice en mouvement, en le maintenant à $0^m10$ de part et d'autre de l'hélice sur la direction d'un rayon et il a mesuré de $0^m10$ en $0^m10$ les composantes dirigées respectivement suivant les directions axiale, tangentielle et radiale, en étendant son exploration en dehors du cercle balayé par l'hélice.

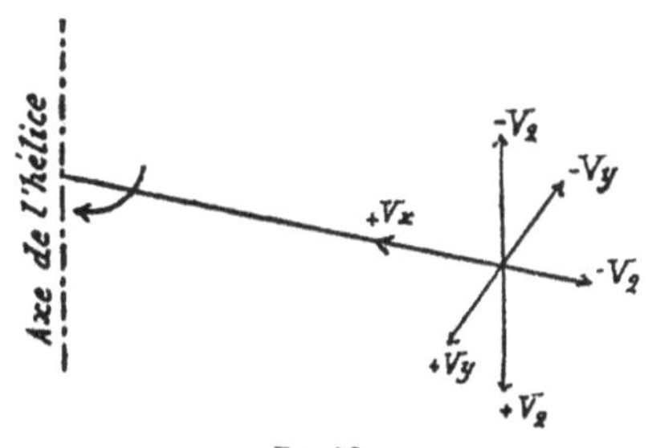


Fig. 58

L'hélice expérimentée avait 2 m. de diamètre : elle était construite en bois ; son pas était de $1^m50$.

La figure n° 58 montre les directions des composantes avec leurs signes par rapport au mouvement de l'hélice.

$V_x$ est la composante radiale ;

$V_y$ »        »        tangentielle ;

$V_z$ »        »        axiale.

Ces expériences confirment complètement les déductions générales tirées par M. Flamm des expériences précédentes.

Le sens des composantes de la vitesse montre, en effet, l'existence d'une dépression à l'avant de l'hélice provoquant l'afflux de l'air à l'avant et son refoulement à l'arrière.

Cet afflux d'air ainsi qu'en témoignent les composantes $V_x$ se produit non seulement en avant de l'hélice mais aussi à la périphérie.

Nous avons sommairement représenté en tenant compte des vitesses mesurées, les directions des filets fluides au voisinage de l'hélice.

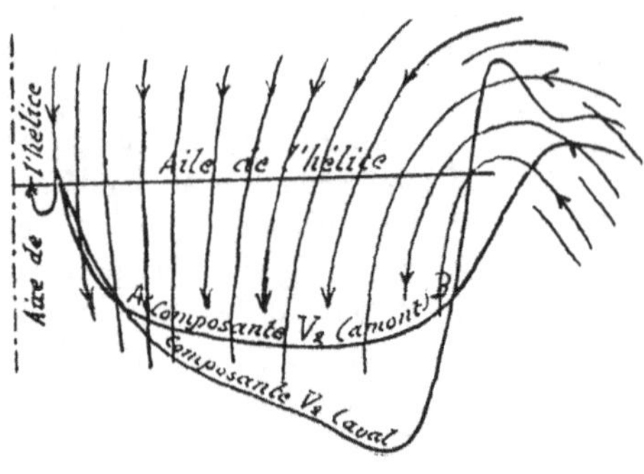


Fig. 59

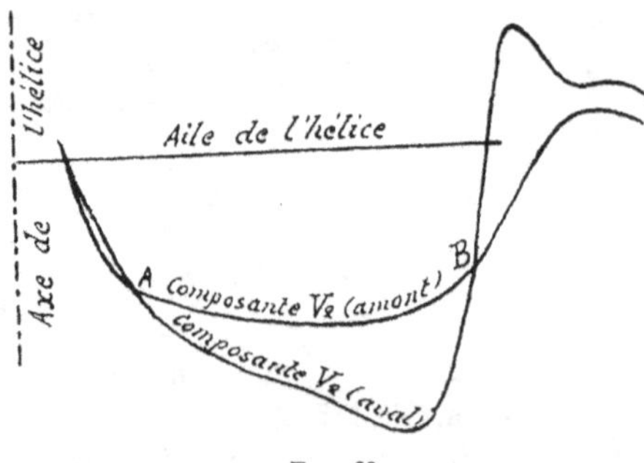


Fig. 60

M. Riàbouchinsky a effectué ces expériences pour les vitesses de 100, 200 et 300 tours par minute, et il a consigné les résultats obtenus dans des tableaux dont nous reproduisons ci-dessous celui qui se rapporte à l'expérience effectuée à la vitesse de 300 tours, de même que les diagrammes de la composante $V_z$ qui s'y rapporte.

**Expériences de M. Riabouchinsky.** (N = 300 tours par minute.)

| Distance de la station $R_m$ | Vitesses mesurées en avant de l'hélice | | | $R_m$ | Vitesses mesurées en arrière de l'hélice | | |
|---|---|---|---|---|---|---|---|
| | $V_x$ m³ | $V_y$ m³ | $V_z$ m³ | | $V_x$ m³ | $V_y$ m³ | $V_z$ m³ |
| 0.00 | — | — | — | 0.00 | 0.00 | 0.16 | — |
| 0.10 | — | 0.00 | 0.00 | 0.10 | 0.88 | 2.23 | — 0.38 |
| 0.20 | — 1.04 | — 0.10 | 2.52 | 0.20 | 1.18 | 2.30 | 2.10 |
| 0.30 | — 0.78 | — 0.16 | 3.02 | 0.30 | 1.38 | 2.13 | 3.58 |
| 0.40 | 0.65 | — 0.25 | 3.40 | 0.40 | 1.63 | 2.21 | 4.16 |
| 0.50 | 1.10 | — 0.72 | 3.56 | 0.50 | 2.25 | 2.44 | 4.70 |
| 0.60 | 1.72 | — 1 26 | 3.69 | 0.60 | 2.67 | 2.77 | 5.01 |
| 0.70 | 2.14 | — 1.21 | 3.64 | 0.70 | 2.70 | 2.75 | 5.58 |
| 0.80 | 2.72 | — 0.61 | 3.44 | 0.80 | 3.22 | 2.39 | 5.85 |
| 0.90 | 3.26 | — 0.48 | 2.89 | 0.90 | 2.40 | 0.10 | 3.74 |
| 0.93 | — | — | — | 0.93 | — | — | 0.00 |
| 1.00 | 3.05 | — 0.34 | 1.37 | 1.00 | 0.43 | 0.56 | — 2.45 |
| 1.10 | 2.20 | — 0.45 | — 0.40 | 1.10 | 1.12 | 0.12 | — 1.46 |
| 1.20 | 1.38 | — 0.24 | — 0.54 | 1.20 | 1.04 | — 0.05 | — 1.22 |
| 1.30 | 0.99 | 0.00 | — 0.35 | 1.30 | 0.86 | 0.02 | — 0.76 |

M. Pouleur dans « l'hélice aérienne » a représenté ces directions en perspective cavalière.

Elles montrent que le refoulement de l'air, à l'arrière, se fait sans effets centrifuges et qu'il se produit même une contraction de la veine fluide.

La présence des composantes $V_y$ à l'arrière de l'hélice montrent que l'air est animé d'un mouvement gyratoire comme l'eau dans les expériences de M. Flamm.

Il paraît donc bien acquis que les effets principaux de l'hélice maritime comme l'hélice aérienne sont les suivants :

1° Le fluide est aspiré en avant et à la périphérie du cercle balayé par l'hélice et est refoulé sous forme d'un cylindre dont la base est sensiblement le cercle balayé.

2° Le fluide refoulé est animé d'un mouvement gyratoire.

3° Il est dépourvu d'effets centrifuges.

4° L'air passe dans le cercle balayé avec une vitesse variable dont le maximum se place aux environs de la pointe de l'aile.

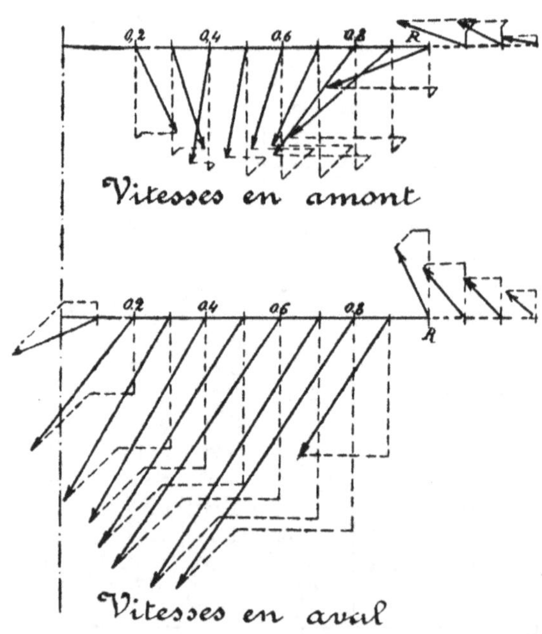


Fig. 61

Les expériences de M. Flamm ont été faites sur des hélices animées d'un mouvement de translation et celles de M. Riabouchinsky avec une hélice au point fixe.

Il semble donc que ces effets principaux, en tant qu'effets qualitatifs, ne diffèrent pas essentiellement dans l'un et dans l'autre genre d'hélices.

Les mesures de vitesse de M. Riabouchinsky ont fait découvrir d'autres résultats intéressants.

1° Il existe des différences entre les vitesses mesurées à l'amont de l'hélice et celles mesurées à l'aval.

2° A la racine de l'aile et à la pointe particulièrement, l'air passe en sens inverse du mouvement général : à ces endroits le courant d'air se renverse et l'air passe sur l'hélice de l'arrière à l'avant.

3° A la vitesse de 300 tours, la composante tangentielle $V_y$ de la vitesse à l'amont est négative. L'air au lieu d'être entraîné dans la direction du mouvement de l'hélice se précipite à sa rencontre avec des vitesses qui sont loin d'être négligeables et qui augmentent probablement d'intensité avec l'accroissement de la vitesse.

Ces phénomènes nous paraissent trouver leur explication dans la présence de la dépression dorsale et la pression de la face impulsive que les expériences de MM. Eiffel et de Gramont ont mis en lumière.

Au point de vue de la classification des théories de l'hélice, celle-ci a donc deux effets fondamentaux :

1° Produire la déviation d'une certaine quantité d'air ;

2° Faire naître au contact des pales de l'hélice une réaction qui est la résultante de la dépression engendrée par la face dorsale et de la pression produite par la face impulsive : c'est la poussée totale de l'aile de l'hélice.

L'évaluation des effets mécaniques de l'hélice pourra donc se faire en fonction de la déviation de l'air ou en fonction de la poussée totale de l'hélice.

Ces deux procédés d'évaluation constituent deux classes de théories dont la première relève plutôt de la dynamique et la seconde de la statique.

Une troisième classe comprend toutes les autres théories qui ne tiennent pas compte des phénomènes qui se passent au contact de l'hélice et qui procèdent soit par assimilation de l'hélice au plan mince, soit par application de principes d'origine expérimentale, etc.

Nous aborderons l'étude de l'hélice par cette dernière classe qui comprend la théorie du colonel Renard, la première en date et peut être la plus féconde.

Le colonel Renard a procédé par assimilation de l'hélice au plan mince et il est arrivé à des formules exprimant la poussée et la puissance qui demandent certes à être complétées, mais qui resteront dans leurs parties essentielles les formules fondamentales de la théorie de l'hélice.

Pour ceux qui suivent d'autres voies, elles constituent un fanal qui éclairent leur route ; le premier contrôle est, en effet, d'obtenir des formules que l'on peut ramener aux formules du colonel Renard.

Nous nous proposons dans ce qui va suivre non pas de reproduire ni de résumer toutes les théories qui ont été proposées, mais de faire choix parmi ces théories de celles qui nous paraissent le mieux caractériser une méthode et d'en donner la physionomie aussi fidèle que possible en en faisant un résumé ou en donnant des extraits suffisants pour en indiquer clairement le mécanisme.

Avant d'aborder ces exposés, nous croyons utile de rappeler quelques définitions.

*Définitions.* — Considérons un élément d'aile AB; si cet élément était capable de se visser dans l'air à la façon d'une vis dans son écrou, l'hélice avancerait par tour de son pas.

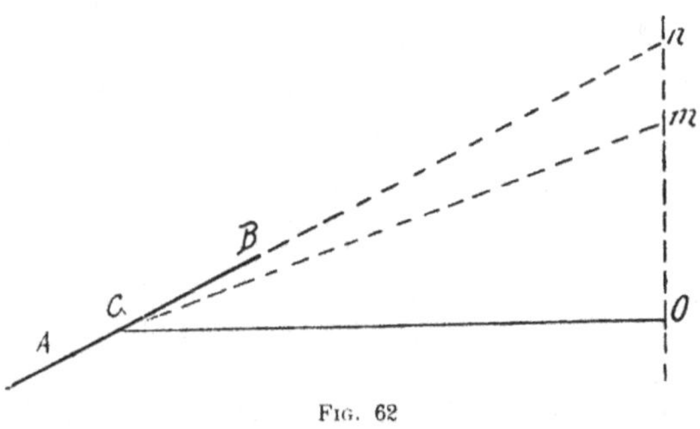

Fig. 62

Si on construit le segment OC $= 2\pi$R développement de la circonférence sur laquelle se déplace l'élément d'aile AB, le pas de l'hélice est représenté par le segment $n$O.

Mais le propulseur n'avance pas de cette quantité : il ne progresse par tour que de la longueur mesurée par le segment O$m$.

Cette longueur est l'avance réelle par tour.

La longueur O$n$ est l'avance totale ; elle a comme mesure le pas de l'hélice.

Le segment $nm$ qui est leur différence, mesure le recul absolu.

Le recul relatif est le rapport de ce segment au segment total O$n$.

Mais on a

$$O n = O m + m n$$

d'où

$$1 = \frac{Om}{O\,n} + \frac{mn}{On}$$

$\dfrac{mn}{On}$ est par définition le recul relatif ; on le désigne par $r$.

Ces segments peuvent être exprimés en fonctions des vitesses.

Le segment $nO$ représente la vitesse totale et le segment $Om$ la vitesse de translation réelle.

Celle-ci est représentée par V.

La première est égale à $n$H ou $nh$D, en appelant $n$ le nombre de tours par 1″, H le pas de l'hélice et en écrivant H $= h$D.

$h = \dfrac{H}{D}$ est appelé pas relatif.

L'égalité précédente s'écrira

$$On = Om + mn$$

$$1 = \frac{Om}{On} + \frac{mn}{On}$$

$$1 = \frac{V}{hDn} + r$$

d'où

$$V = hnD\,(1 - r).$$

THÉORIE DE LA PREMIÈRE CLASSE

## Théorie du Colonel Renard

Cette théorie s'applique à l'hélice au point fixe ou à l'hélice sustentatrice.

Le Colonel Renard fait l'assimilation de l'hélice à un plan mince dont la surface est celle du cercle balayé par l'hélice.

$$S = \frac{\pi D^2}{4}$$

L'air traverse ce cercle à une certaine vitesse.

Celle-ci aurait comme valeur maxima le produit du pas par le nombre de tours ; cette valeur n'est jamais atteinte et doit être affectée d'un coefficient de réduction qui exprime la fraction du pas réellement parcourue par l'hélice, en fonction du diamètre, de sorte que $V = knD$.

La poussée est exprimée par celle du plan mince qui se déplace normalement au courant d'air et dont la section est celle du cercle balayé

$$P = KSV^2 = K\frac{\pi}{4} k^2 n^2 D^4$$

Écrivons

$$\alpha = \frac{\pi K k^2}{4}$$

donc

$$P = \alpha n^2 D^4$$

Le travail sera exprimé par

$$T = \alpha n^2 D^4 \times knD = k\alpha n^3 D^5$$

Écrivons

$$k\alpha = \beta$$

donc

$$T = \beta n^3 D^5$$

Dans le plan mince le rapport $\dfrac{P^3}{T^2}$ est indépendant de la vitesse

Son expression générale peut s'écrire

$$\frac{P^3}{T^2} = K_1 S_1$$

Le Colonel Renard adoptait pour $K_1$ la valeur du coefficient de résistance de l'air égale à 0,085 et en égalant les deux valeurs de $\dfrac{P^3}{T^2}$ il déduisait pour $S_1$ une valeur qu'il appelait *surface fictive*.

Le rapport de cette surface à celle du cercle balayé par l'hélice était dénommée par lui, la *qualité sustentatrice* de l'hélice : il la désignait par Q.

$$Q = \frac{S_1}{\dfrac{\pi D^2}{4}}$$

Mais

$$S_1 = \frac{P^3}{T^2} \times \frac{1}{0.085}$$

Donc

$$Q = \frac{P^3}{T^2} \frac{4}{0.085 \times \pi \times D^2} = \frac{P^3}{T^2} \times \frac{15}{D^2}$$

Le Colonel Renard appelait aussi qualité des ailes le rapport $\dfrac{S_1}{A}$ de la surface fictive à la surface totale des ailes et donnait le nom d'efficacité au rapport $\dfrac{P}{T}$ de la poussée au travail.

Il avait déduit de ses expériences que le pas le plus favorable pour une hélice propulsive était égal à 0.75 fois le diamètre = 0.75 $\times$ D.

A la suite d'expériences, le Colonel Renard a proposé pour la construction des hélices à deux ailes

$$P = 0.025\ n^2D^4$$
$$T = 0.01521\ n^3D^5$$

et pour les hélices à quatre branches

$$P = 0.0234\ n^2D^4$$
$$T = 0.017\ n^3D^5$$

## Formules du Capitaine Ferber

Le Capitaine Ferber a mis en lumière, dans les formules qu'il a établies, un plus grand nombre d'éléments qui intéressent le fonctionnement de l'hélice.

Ces formules sont les suivantes :

$$F = \alpha h r n^2 D^4$$
$$T = (\beta h^2 r + \beta')\ n^3 D^5$$
$$V = n h D\ (1 - r)$$

dans lesquelles :

F est la poussée en kilog ;

T le travail sur l'arbre de l'hélice en KM ;

V la vitesse réelle en mètre par 1" ;

$r$ le recul relatif ;

$n$ le nombre de tours de l'hélice par 1" ;

$h$ le rapport du pas au diamètre ;

D le diamètre périphérique de l'hélice ;

$\alpha$ $\beta$ et $\beta'$ des coefficients numériques.

Ces formules ont été établies directement en traitant un élément d'aile comme une plaque oblique, mais elles l'ont été également par une méthode dite divinatoire que nous nous plaisons à signaler.

*Méthode divinatoire du Capitaine Ferber*. — Etant donné que la force de propulsion et le travail sont fonctions du coefficient de résistance de l'air, du recul relatif, du pas relatif, du nombre de tours et du diamètre de l'hélice, on peut poser

$$F = f(K. r. h. n. D)$$
$$T = f(K. r. h. n. D)$$

Ces éléments ont des équations de dimensions dont les exposants sont renseignés au tableau suivant :

| DONNÉES | FORCE | LONGUEUR | TEMPS |
|---------|-------|----------|-------|
| F | 1 | 0 | 0 |
| T | 1 | 1 | $-1$ |
| K | 1 | $-4$ | 2 |
| $r$ | 0 | 0 | 0 |
| $h$ | 0 | 0 | 0 |
| $n$ | 0 | 0 | $-1$ |
| D | 0 | 1 | 0 |

Les équations de F et T doivent être homogènes.

Donc on devra avoir

$$F = Kn^2D^4 f (hr)$$
$$T = Kn^3D^5 f' (hr)$$

$r$ est petit ; donc on peut le développer en série et ne conserver que les deux premiers termes

$$F = Kn^2D^4 (Ar + A')$$
$$T = Kn^3D^5 (Br + B')$$

A et B sont fonction de $h$.

On remarque que F change de sens avec le pas et s'annule avec lui dans tous les cas ; de sorte que le coefficient $h$ doit venir en facteur dans la première formule.

A' tient compte du frottement : si on néglige celui-ci dans la valeur de la poussée, cette dernière a comme expression :

$$F = \alpha h r n^2 D^4$$

D'autre part le travail ne change pas quand le pas change de signe, mais s'annule avec lui : donc B contient $h^2$ en facteur.

On peut écrire :

$$T = (\beta h^2 r + \beta') n^3 D^5$$

$\alpha$ et $\beta$ ne sont pas constants et dépendent du pas, car si le pas est infini la poussée est nulle et le travail maximum : mais dans les limites du pas des hélices aériennes, on peut les considérer comme constants.

## Méthode de M. Soreau

M. Soreau se base pour l'établissement de ses formules sur deux principes expérimentaux : celui de la proportionalité des efforts au carré de la vitesse qui, en aérodynamique, est le principe expérimental le mieux établi.

Il étend ensuite ses formules à des hélices géométriquement semblables, en se basant sur le principe de similitude vérifié dans une certaine mesure par les expériences du capitaine Dorand.

Cette théorie, dont l'exposé a paru dans la *Technique Aéronautique* du 15 juin 1911, a conduit M. Soreau à l'établissement des formules suivantes :

$$\theta = \alpha n^2 D^4 f_1 \left( \frac{V}{nD} \right) = \text{poussée}$$

$$T = \beta n^3 D^5 f_1 \left( \frac{V}{nD} \right) = \text{puissance}$$

$$\rho = \psi_1 \left( \frac{V}{nD} \right) \quad = \text{rendement}$$

Avec des exposants entiers, M. Soreau a obtenu une représentation en principe satisfaisante par les formules :

$$\theta = \alpha n^2 D^4 + \alpha' n V D^3 + \alpha'' V^2 D^2$$
$$T = \beta n^3 D^5 + \beta' n^2 V D^4 + \beta'' V^2 D^3$$

Une étude plus approfondie des courbes d'essai à l'air libre a de plus conduit M. Soreau aux expressions :

$$\theta = \alpha n^2 D^4 \left[ 1 - \left( \frac{\lambda n D}{V} \right)^p \right]$$

$$T = \beta n^3 D^5 \left[ 1 + r - \left( \frac{V}{\lambda n D} \right)^q \right]$$

$r$ est un paramètre destiné à tenir compte du frottement.

$\lambda = \dfrac{H}{D}$ rapport du pas au diamètre.

$p$ et $q$ sont des exposants que M. Soreau a trouvé pour l'hélice de 2ᵐ50 :

$$p = 1.161 \qquad q = 1,21$$

### ·THÉORIES DE LA SECONDE CLASSE

Celle-ci est basée sur l'évaluation des effets mécaniques de l'hélice en fonction des phénomènes de déviation.

On peut évaluer les effets mécaniques de l'hélice, poussée et puissance en fonction des phénomènes de déviation en appliquant les théorèmes des quantités de mouvement et de la force vive.

La théorie dynamique de l'hélice a été particulièrement développée par M. Pouleur, ingénieur civil des mines de l'Université de Liège.

Nous extrayons des travaux de M. Pouleur les parties essentielles qui caractérisent sa méthode.

## Méthode de M. Pouleur [1]

Qu'une hélice soit au point fixe, ou qu'elle se meuve suivant son axe avec une certaine vitesse, elle est traversée par une veine d'air affectant, aux abords de l'hélice, la forme d'un cylindre dont la section est le cercle balayé par les ailes. Dans ces conditions, la poussée suivant l'axe due à la réaction du fluide débité est égale à à la variation de la quantité de mouvement — suivant l'axe également — de la masse d'air qui passe dans l'unité de temps.

Une hélice, travaillant au point fixe, prenant par seconde une masse M d'air à la vitesse O dans l'atmosphère, et la refoulant à la vitesse V est capable d'une poussée

$$P = MV$$

Pour communiquer à cette masse M la vitesse V, il faut évidemment dépenser un travail égal à l'énergie cinétique actuelle de cette masse, égal par conséquent à

$$T = \frac{1}{2}\, MV^2 \qquad {}^{(2)}$$

soit une puissance en chevaux

---

[1] *L'Hélice aérienne*, par M. H. POULEUR, Librairie Aéronautique.

[2] Nous estimons que cette valeur $1/2\ MV^2$ du travail de l'hélice ne représente qu'une partie du travail réel de ce mécanisme et nous avons émis l'avis, dans une note publiée dans la *Revue Universelle des Mines*, tome XXXV 1911, que sa valeur théorique est égale au double ou $MV^2$. Cette question mérite un examen attentif en raison des contradictions qu'elle apporte dans la théorie dynamique de l'hélice.

$$T' = \frac{1}{75} \times \frac{1}{2} \, MV^2 = \frac{1}{150} \, MV^2$$

La poussée par cheval sera

$$\frac{P}{T'} = \frac{150}{V}$$

et nous estimons que cette expression peut représenter le maximum de poussée par cheval que l'on est en droit d'espérer du propulseur hélicoïdal le plus parfait qu'il nous sera donné d'établir. Ce maximum varie en raison inverse de la vitesse de sortie de l'air : égal à 15 kg par HP pour une vitesse de 10 m. par seconde, il n'est plus que 5 kg si la vitesse atteint 30 m.

Si l'on remarque que l'air est débité en un cylindre de section égale au cercle balayé, on peut écrire qu'une hélice de diamètre D débite par seconde à la vitesse V un volume

$$\frac{\pi D^2}{4} \, V$$

dont la masse est $\dfrac{\pi D^2}{4} \, V \, \dfrac{\Delta}{g}$

en appelant $\Delta$ le poids du m³. L'expression de la poussée prend la forme

$$P = \frac{\pi D^2}{4} \, V \, \frac{\Delta}{g} \, V = \frac{\pi D^2}{4} \, \frac{\Delta}{g} \, V^2$$

et celle de la puissance

$$T' = \frac{1}{75} \cdot \frac{1}{2} \, \frac{\pi D^2}{4} \, \frac{\Delta}{g} \, V^3$$

Elles nous permettent de calculer P et T′ pour une hélice quelconque débitant l'air à la vitesse V. Au point de vue poussée seule, il est indifférent de choisir D ou V grand, puisque c'est le produit de deux qui figure dans l'expression ; mais au point de vue puissance, on voit qu'il y a avantage à réduire V et à augmenter D, car V y figure au cube et D au carré seulement. En faisant par exemple D = 2 m, V = 10 m, on voit que l'on peut obtenir une poussée

$$P = \frac{\pi \times 2^2}{4} \times \frac{1,29}{9,81} \times 10^2 = 41,3 \text{ kgs}$$

avec une puissance

$$T' = \frac{1}{150} \; \frac{\pi \times \overline{2^2}}{4} \times \frac{1{,}29}{9{,}81} \times \overline{10^3} = 2{,}76 \text{ HP}$$

Mais si l'on construit une hélice de 2 m de diamètre et si on la fait tourner de manière à donner 41,3 kgs de poussée, on constatera qu'elle absorbe plus de 2,76 HP ; celà provient de ce que cette hélice ne fonctionne pas idéalement comme l'hélice théorique et nous avons proposé de se servir de ce fait pour définir le *rendement* des hélices.

## Calcul de rendement

Pour calculer le rendement d'une hélice, il faut après en avoir fait l'essai au point fixe — de préférence à diverses allures — comparer les résultats de cet essai à ceux qu'aurait donnés une hélice théoriquement parfaite de même diamètre.

A titre d'exemple, prenons l'hélice n° 1 de M. Boyer-Guillon ; elle mesure 1 m de diamètre et, pour une puissance de 2,713 HP, a donné une poussée de 15 kgs. Une hélice théorique de 1 m de diamètre pour donner 15 kgs de poussée devrait débiter l'air à une vitesse V telle que

$$P = 15 = \frac{\pi D^2}{4} \; \frac{\lambda}{g} \, V^2 = \frac{\pi \times 1^2}{4} \times \frac{1{,}29}{9{,}81} \, V^2$$

d'où

$$V^2 = 146 \qquad V = 12 \text{ m par seconde}$$

Dans ces conditions la puissance nécessaire eût été

$$T' = \frac{1}{150} \times \frac{\pi \times T^2}{4} \times \frac{1{,}29}{9{,}81} \times \underline{12^3} = 1{,}19 \text{ HP}$$

La puissance réellement consommée ayant été de 2.713 HP, le rendement

$$\rho = \frac{1{,}19}{2{,}713} = \mathbf{44} \%$$

Nous avons exposé dans notre mémoire précédemment rappelé que cette méthode de calcul pouvait être légèrement modifiée. On peut, de la formule du travail, tirer la valeur numérique de la vitesse, calculer avec cette valeur quelle devrait être la poussée et par comparaison avec la poussée réellement obtenue, calculer le rendement. Pour l'hélice ci-dessus on trouve 58,3 %. Pour diverses raisons, nous avions dans notre travail précédent, donné la préférence à cette seconde méthode; mais actuellement nous inclinons à croire que la première est plus exacte. Les conclusions de notre première étude n'en sont pas infirmées puisqu'aussi bien il ne s'agit que de trouver un coefficient permettant de comparer les différentes hélices et les deux rendements ci-dessus restent toujours proportionnels.

Il est possible de déduire les formules de Renard des expressions qui précèdent.

Nous verrons plus loin, en effet, que la vitesse réelle de sortie de l'air est à très peu près proportionnelle au nombre de tours. Il est donc logique d'admettre qu'il en est de même dans l'appareil idéal et en particulier que cette vitesse de sortie y est égale à *l'avance par seconde* ou produit du pas par le nombre de tours par seconde. Si de plus nous exprimons le pas par une fraction $\lambda$ du diamètre, nous aurons successivement

$$V = n\lambda D$$

$$P = \frac{\pi D^2}{4}\ \frac{\Delta}{g}\ n^2\lambda^2 D^2 = \alpha n^2 D^4$$

et

$$T = \frac{1}{2}\ \frac{\pi D^2}{4}\ \frac{\Delta}{g}\ n^3\lambda^3 D^3 = \beta n^3\ D^5$$

en posant $\beta$ et égaux aux $\nu$ coefficients numériques. Ce sont bien là les formules de Renard.

Comme le rapport du pas au diamètre est une des données de l'hélice, il vaudrait mieux, selon nous, ne pas englober $\lambda^2$ dans le coefficient $\alpha$, ni $\lambda^3$ dans $\beta$ et écrire, avec une approximation suffisante pour ces sortes de formules

$$P = \frac{1}{10}\ n^2\lambda^2 D^4$$

$$T = \frac{1}{20}\ n^3\lambda^3 D^5$$

Les essais de Renard l'avaient conduit à admettre pour l'hélice optimum un coefficient $\lambda$ égal à 0,75, d'où

$$P = 0,056 \, n^2 D^4$$

$$T = 0,021 \, n^3 D^5$$

Ces coefficients représentent les maxima que peut donner une hélice parfaite type Renard.

Quoi qu'il en soit des valeurs absolues des coefficients $\alpha$ et $\beta$, on voit que la théorie autorise à écrire

$$P = \alpha n^2 D^4$$

$$T = \beta n^3 D^5$$

et nous verrons plus loin que l'expérience vérifie l'exactitude de ces formules.

M. Pouleur a étendu sa méthode à l'étude de l'hélice en translation dont il a proposé une théorie rationnelle.

Il a aussi appliqué à la détermination du rendement, le même procédé qu'il a employé dans l'étude de l'hélice au point fixe que nous venons de reproduire d'après sa publication « l'hélice aérienne » à laquelle nous renvoyons le lecteur.


### THÉORIE DE LA TROISIÈME CLASSE


La troisième classe comprend les théories basées sur l'existence d'une poussée totale exercée par l'air sur les ailes de l'hélice.

Dans cette classe, on considère généralement l'aile de l'hélice comme une plaque frappant l'air obliquement et on étend à cette aile des propriétés trouvées pour les plaques isolées.

Les théories de cette classe sont les plus nombreuses : elles sont d'ailleurs les plus tentantes.

Nous donnerons comme exemple, celle qui nous a toujours paru poser le problème dans les conditions les plus générales, c'est la théorie de M. Drzewiecki dont nous donnons le résumé de la partie qui concerne la détermination de la poussée, de la puissance et du rendement.

## Méthode de M. Drzewiecki.

M. Drzewiecki considère un élément de l'hélice située à une distance $\rho$ de l'axe et projeté en AB.

Il appelle $V_o$ la vitesse de translation de l'hélice et la représente par le segment $Om$ ; il construit en $On$ le segment qui représente la vitesse circonférentielle de l'élément.

Le mouvement résultant du point O sera représenté par le segment résultant OT : celui-ci a la direction de la tangente à la trajectoire hélicoïdale suivie par le point O.

Le pas de cette hélice ou l'avance par tour est égale à $\dfrac{V_o}{n}$; si $\beta$ est son inclinaison, on aura $2\pi n_\rho = V_o$ tang. $\beta$.

Lorsque l'hélice se meut en air calme, la vitesse relative de l'air par rapport à l'hélice est représentée par ce segment OT pris en signe contraire ; elle fait avec l'élément d'aile un angle $\alpha$. Il se produira

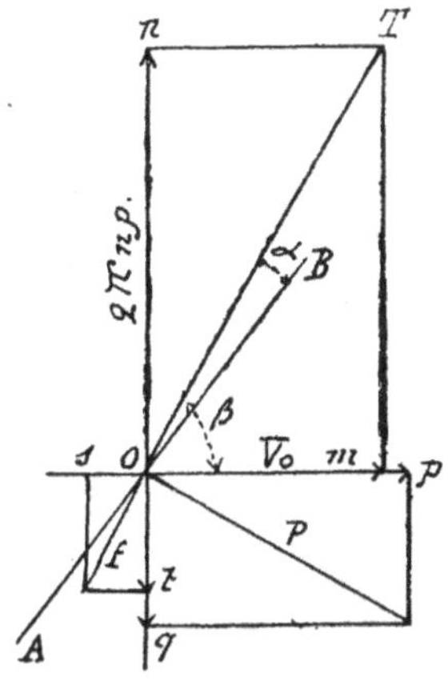

Fig. 63

dans ces conditions une certaine pression que l'on ne connait ni en direction et que l'on suppose décomposée suivant ses deux composantes P et $f$ perpendiculaire et parallèle à la tangente OT. On pose $f = \mu P$.

Les forces peuvent être elles-mêmes décomposées en leurs composantes suivant la direction parallèle à l'axe de l'hélice et la  perpendiculaire.

La somme des composantes parallèles à l'axe de l'hélice est égale à la poussée utile : la somme des composantes perpendiculaires est la résistance nuisible.

La poussée utile a comme expression :

$$op - os = \text{P} (\sin \beta - \mu \cos \beta$$

La résistance a comme expression :

$$(oq + ot) = \text{P} (\cos \beta + \mu \sin \beta)$$

La poussée utile est égale à la résistance à l'avancement R. Donc :

$$\text{R} = \text{P} (\sin \beta - \mu \cos \beta)$$

Cette résistance se produit à la vitesse $V_0$ ; son travail qui est le travail utile est $RV_0$ d'où :

$$T_u = RV_0 = \text{P}V_0 (\sin \beta - \mu \cos \beta)$$

La seconde composante appliquée à la distance $\rho$ de l'axe donne lieu à un couple qui doit équilibrer le couple moteur $F\rho$ ; donc :

$$F\rho = \text{P}\rho (\cos \beta + \mu \sin \beta)$$

En multipliant par la vitesse angulaire $2\pi n$, on a :

$$2\pi n F\rho = 2\pi n \text{P}\rho (\cos \beta + \mu \sin \beta)$$

Cette puissance est égale à la puissance motrice ; donc :

$$T_m = 2\pi n \text{P}\rho (\cos \beta + \mu \sin \beta)$$

Mais

$$2\pi n \rho = V_0 \operatorname{tg.} \beta$$

Le rendement est exprimé par

$$K = \frac{T_u}{T_m} = \frac{\sin \beta - \mu \cos \beta}{(\cos \beta + \mu \sin \beta) \operatorname{tg.} \beta}.$$

Toute la question revient à déterminer le coefficient $\mu$.

M. Drzewiecki, ne disposant pas de coefficient expérimental, en a été réduit aux hypothèses.

Si la pression exercée sur le propulseur était réellement normale au propulseur, la décomposition de cette pression suivant la direction *om* et sa perpendiculaire donnerait :

$$f = \mathrm{P}\ \mathrm{tg}\,\alpha \ ; \ \mu = \mathrm{tg}\,\alpha$$

,et dans ces conditions le rendement serait égal à

$$\mathrm{K} = \frac{\mathrm{tg}\,(\beta - \alpha)}{\mathrm{tg}\,\beta} = \frac{\mathrm{V_o}}{np}$$

En tout cas, la valeur de $\mu$ se compose de deux parties : l'une qui dépend de l'incidence et qui est proportionnelle à $\mathrm{tg}\,\alpha$ ; la seconde dépend de la résistance due au frottement du fluide sur l'élément et en même temps à la section de cet élément.

Par des déductions intuitives, M. Drzewiecki avait posé comme valeur de $\mu$

$$\mu = \mathrm{tg}\,\alpha + 0.018$$

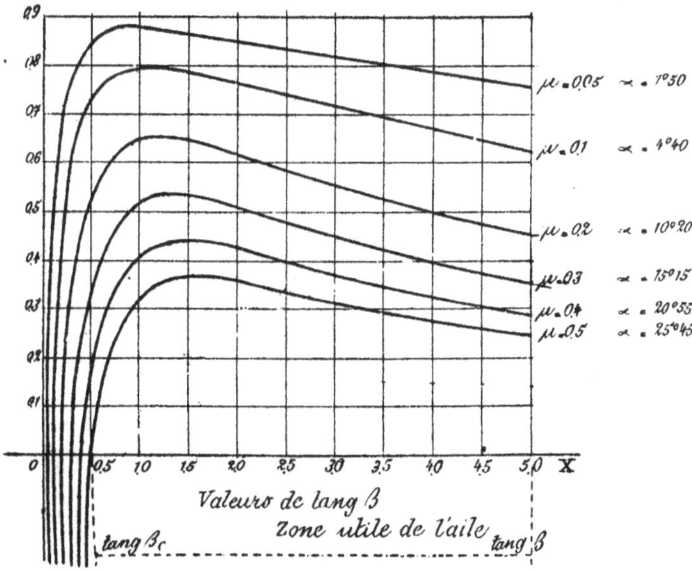


Fig. 64

M. Drzewiecki a étendu sa théorie à l'aile entière, non pas en intégrant les équations de la poussée et du travail, mais en partant des considérations pratiques résultant de la connaissance du rendement.

Il a construit les courbes de rendement pour différentes valeurs de μ.

Les courbes reproduites *fig*. 48 sont tracées en fonctions de l'angle β, c'est-à-dire de la distance des éléments de l'aile au centre de celui-ci et M. Drzewiecki a adopté comme zone utile, la partie donnant le meilleur rendement ; il l'a comprise entre les valeurs de *tg*β égales à 0.5 et 5.

Les rayons correspondants ont comme expressions :

$$r_0 = \frac{V_0}{2\pi n}\, tg\beta_0 \qquad r_1 = \frac{V_0}{2\pi n}\, tg\beta_1$$

Il a donné au terme $\dfrac{V_0}{2\pi n}$ qui est l'avance par tour $\dfrac{V_0}{n}$ de l'hélice divisée par $2\pi$ le nom de module.

$$M = \frac{V_0}{2\pi n}$$

$$r_0 = 0.5 \times M \; ; \; r_1 = 5 \times M.$$

C'est cette aile ainsi calculée qu'il appelait *aile normale*.

En ce qui concerne les autres développements, nous renvoyons à la brochure publiée par M. Drzewiecki « *Des hélices aériennes* ». Le cadre de cet ouvrage nous permet difficilement de les aborder.

*Observations.* — Nous nous sommes bornés, dans ce travail, à l'exposé des méthodes qui nous paraissaient le mieux caractériser la classe dans laquelle nous les faisons rentrer.

Il existe cependant d'autres méthodes qui mériteraient d'être signalées : mais il ne nous serait pas possible, sans dépasser outre mesure les bornes que nous sommes assignées, d'en donner un résumé assez complet pour en faire comprendre le mécanisme.


## RENDEMENT DES HÉLICES


Peu de termes ont reçu autant de valeurs différentes que le rendement des hélices aériennes. La raison provient du fait que le travail utile de l'hélice est mal défini. Dans une hélice qui fonctionne au point fixe, il n'y a pas de travail utile proprement dit ;

cependant l'hélice ne travaille pas en pure perte ; elle rend en poussée ce qui lui est fourni en travail. Elle peut donc être caractérisée par la poussée qu'elle produit par unité de travail ; c'est la poussée par cheval-vapeur, appelée aussi efficacité par le colonel Renard. Cette expression très juste n'est cependant pas un rendement et elle a le défaut de ne pas exprimer en °/₀ du travail total, le travail employé à produire la poussée, ainsi qu'on y est habitué dans le langage industriel.

L'hélice, montée sur un appareil d'aviation dont elle assure la progression, produit un travail utile ; c'est le travail du déplacement de l'appareil. Celui-ci offre une résistance à l'avancement égale et directement opposée à la poussée de l'hélice.

Soit $V_0$ la vitesse de translation de l'aéroplane.

P la poussée.

$P \times V_0 = T_0$ est le travail utile.

Si **T** est le travail total, le rendement a comme expression

$$\rho_1 = \frac{T_0}{T}$$

Cependant, on peut prétendre que ce travail n'est pas le seul utile. La poussée de l'hélice est, en effet, empruntée à une partie du travail total.

C'est le travail producteur de la poussée.

Soit $T_1$ ce travail.

Le travail utile devient alors

$$T_0 + T_1$$

et le rendement

$$\rho_2 = \frac{T_0 + T_1}{T}$$

Dans l'hélice travaillant au point fixe, le travail $T_0$ est nul ; le travail utile ne comprend que le travail producteur de la poussée $T_1$ et le rendement est :

$$\rho_3 = \frac{T_1}{T}$$

Ces rapports expriment bien des rendements dans le sens qu'on attribue à ce terme.

On donne aussi le nom de rendements à des rapports qui rendent peut-être mieux compte de la valeur de l'hélice, mais qui ne sont pas des rapports de travaux.

On exprime ce que l'hélice rend en poussée, en écrivant le rapport entre la poussée fournie par l'hélice et la poussée qu'elle serait susceptible de fournir si tout le travail devenait productif de poussée, c'est-à-dire s'il n'y avait pas de résistances nuisibles.

Si P est la poussée mesurée, P′ la poussée fictive calculée, une nouvelle expression du rendement serait

$$\text{?4} = \frac{P}{P'}$$

Ce n'est pas tout.

Beaucoup de constructeurs expriment le rendement de l'hélice en fonction de son recul.

Soit AB la section d'un élément d'aile.

On peut poser $ab = ac + cb$ où $ab$ est l'avance totale par tour $ac$ l'avance relative et $cb$ le recul absolu.

On tire

$$1 = \frac{ac}{ab} + \frac{cb}{ab}$$

Le rapport $\dfrac{a\,c}{a\,b}$ peut s'écrire $\dfrac{P \times a\,c}{P \times a\,b}$

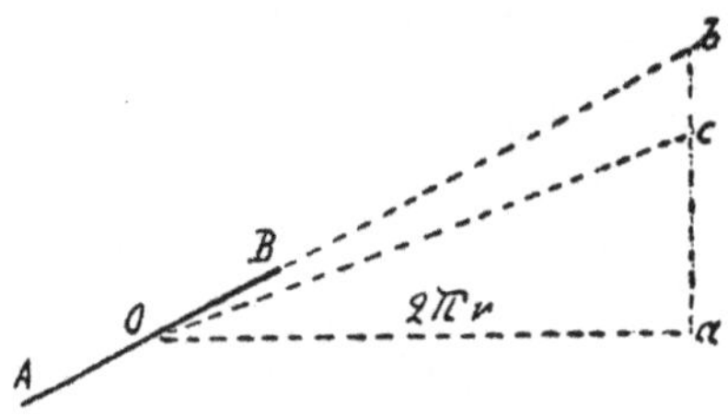


Fig. 65

Si P est la poussée, le travail développé par l'avancement de son point d'application est $P \times a\,c$ ; c'est le travail

$$T_u = P \times V_u.$$

$P \times a\,b$ représente le travail maximum d'avancement dont serait capable l'hélice, s'il n'y avait pas de résistance nuisible et si l'hélice pouvait maintenir la poussée P en avançant de son pas.

Ce rapport $\dfrac{P \times ac}{P \times ab}$ est encore une nouvelle expression du rendement

$$\rho_s = \frac{ac}{ab} = \frac{V_0}{np}.$$

Mais le rapport $\dfrac{ac}{ab}$ est le recul relatif ; désignons-le par $r$ ; on a

$$1 = r + \rho_s.$$

Ce rendement varie en sens inverse du recul.

Il ne dépend pas exclusivement de l'hélice, mais aussi de l'appareil d'aviation :

Dans cette classe, on peut faire rentrer les rendements $\rho_i = \dfrac{T_0}{T}$ et $\rho_s = \dfrac{T_0 + T_i}{T}$ dans lesquels intervient le travail $T_0$ d'avancement de l'appareil d'aviation.

Les autres expressions du rendement se rapportent exclusivement à l'hélice travaillant au point fixe : ce sont des rendements de construction.

La seule expression du rendement sur lequel l'entente est unanime, est le rendement $\rho_i = \dfrac{T_0}{T}$

$T_0$ est en effet le seul travail utile, parfaitement défini et mesurable : c'est le produit de la poussée de l'hélice par la vitesse de translation.

M. Pouleur s'est efforcé de donner un sens pratique au rendement de l'hélice fonctionnant en point fixe : c'est le rendement

$$\rho_s = \frac{T_i}{T}$$

Nous renvoyons pour ce point à l'exposé de la méthode.


## Méthode graphique
## de M. Soreau pour la détermination du rendement


M. Soreau a proposé la méthode graphique suivante :

Considérons un élément d'aile MN, situé à la distance $r$ de l'axe.

La vitesse circonférentielle de cet élément est $2\pi nr$ représentée par le segment OA.

La vitesse de translation de l'hélice est $V_o$ représentée par le segment AB.

La vitesse relative de l'air par rapport à l'hélice, est représentée par le segment OB résultant de la vitesse absolue $V_o$ et de la vitesse d'entraînement $2\pi nr$, prise en signe contraire.

Cette vitesse relative n'est pas celle avec laquelle l'air aborde réellement l'hélice. Elle correspond au moment où l'air n'a pas encore subi l'influence de l'hélice, car dès que cette influence se fait sentir, la vitesse de l'air aspiré par l'hélice s'accélère et devient plus grande que la vitesse de translation.

La vitesse relative OB est appelée vitesse d'entrée.

Quand l'air a subi l'influence de l'hélice, il s'échappe avec une certaine vitesse qu'on appelle vitesse de sortie.

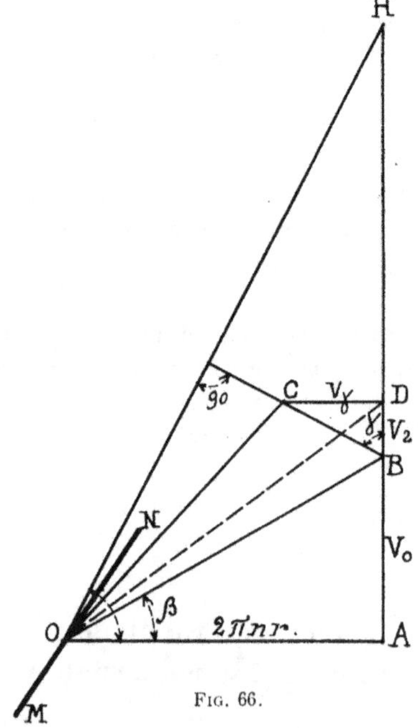


Fig. 66.

Si le frottement de l'air sur l'hélice était nul, si aucun choc ne se produisait lorsque l'air aborde la pale de l'hélice, en un mot, si aucune perte de vitesse n'existait, cette vitesse de sortie serait égale à la vitesse d'entrée. Sa direction seule serait changée ; mais en réalité, il n'en est pas ainsi : la vitesse de sortie est plus petite que la vitesse d'entrée.

Soit OC la direction et la grandeur de cette vitesse.

Un filet d'air qui se présente en face de l'hélice passera donc d'une vitesse OB à une vitesse OC qui est la résultante de la vitesse d'entrée et de la vitesse de déviation : celle-ci sera représentée par le segment BC qui ferme le triangle OBC.

L'effet de l'hélice a donc été de dévier l'air qui passe à l'endroit considéré dans la direction CB avec une vitesse représentée par ce segment CB. Cette vitesse se décompose suivant les directions axiale et tangentielle en deux composantes $V_y$ et $V_z$ représentées par les segments BD et CD.

Toute cette construction étant effectuée dans le plan tangentiel il n'est pas tenu compte dans ce qui suit, de la déviation radiale.

La composante axiale $V_z$ s'ajoute à la vitesse de translation pour donner une vitesse totale $V_o + V_z$. Cette vitesse est la vitesse réelle d'arrivée de l'air dans le cercle balayé par l'hélice ; la vitesse relative réelle de l'air par rapport à l'hélice est donc OD et l'angle d'attaque effectif est l'angle NOD.

La masse d'air qui passe dans le cercle balayé par l'hélice au point considéré résulte de cette vitesse totale ; sa valeur est donc, en appelant $\sigma$ la surface élémentaire d'un anneau dans lequel cette vitesse reste constante :

$$M = \frac{\Delta}{g} \sigma \, ( V_0 + V_z )$$

La poussée a comme expression :

$$P = MV = \frac{\Delta}{g} \sigma \, ( V_0 + V_z ) \, V_z$$

La force tangentielle résulte dans les mêmes conditions de la vitesse tangentielle ; on peut donc poser :

$$F = \frac{\Delta}{g} \sigma \, ( V_0 + V_z ) \, V_y$$

Donc d'une manière générale, on écrira :

$$P = MV_z$$
$$F = MV_y$$

Le couple est :

$$Fr = M. \, r. \, V_y$$

Le travail résistant égal au travail moteur est :

$$T = 2\pi \, n \, r. \; M. \; V_y$$

Dans le cas d'une hélice en translation, le rendement a comme expression :

$$\rho = \frac{PV_0}{T}$$

Donc :

$$\rho = \frac{MV_z \cdot V_0}{2\pi nr. \; M. \; V_y} = \frac{V_z}{2\pi nr} \times \frac{V_a}{V_y}$$

Mais :

$$V_0 = 2\pi nr \times \operatorname{tg} \beta \text{ et}$$
$$\frac{V_z}{V_y} = \frac{I}{\operatorname{tg} \gamma}$$

D'où :

$$\rho = \frac{\operatorname{tg} \beta}{\operatorname{tg} \gamma}$$

Si du point O, on mène la perpendiculaire à la droite CB jusqu'à sa rencontre en H avec la verticale, l'angle HOA $= \gamma$.

On a d'autre part :

$$\operatorname{tg} \beta = \frac{AB}{OA} \qquad \operatorname{tg} \gamma = \frac{AH}{OA}$$

Donc :

$$\rho = \frac{AB}{AH}$$

Ce rapport est très simple.

Nous croyons intéressant, à cette occasion, d'établir l'égalité du rendement déduit de cette construction graphique et du rendement résultant de la formule de M. Dzrewiecky.

Cette formule est la suivante :

$$\rho = \frac{\sin \beta - \mu \cos \beta}{(\cos \beta + \mu \sin \beta) \operatorname{tg}\beta}$$

Il nous paraît que les expériences de M. Rateau et de M. Eiffel ont donné au coefficient $\mu$ sa valeur expérimentale en fournissant la direction que fait la poussée résultante avec la normale à la plaque.

Ces deux directions font l'angle $\eta$.

L'angle formé par la poussée totale avec la perpendiculaire à la direction de la vitessse d'entrée relative est $\alpha + \eta$ et par conséquent :

$$\mu = \operatorname{tg} (\alpha + \eta).$$

Si on porte cette valeur dans l'expression précédente, on a :

$$\rho = \frac{tg\,[\beta - (\alpha + \eta)]}{tg\,\beta}$$

Remarquons que l'angle $\beta$ choisi par M. Drzewiecky est complémentaire de l'angle $\beta$ adopté par M. Soreau.

Les deux formules s'écriront donc, pour être comparables :

$$\rho = \frac{tg\,\beta}{tg\,\gamma}$$

$$\rho = \frac{tg\,[90° - \beta - (\alpha + \eta)]}{tg\,(90° - \beta)} = \frac{tg\,\beta}{tg\,(\beta + \alpha + \eta)}$$

en fonction des notations de M. Soreau.

Ces deux valeurs seront égales si on démontre que

$$\gamma = \beta + \alpha + \eta.$$

En effet, la poussée totale est parallèle à la direction de la déviation totale réelle BC.

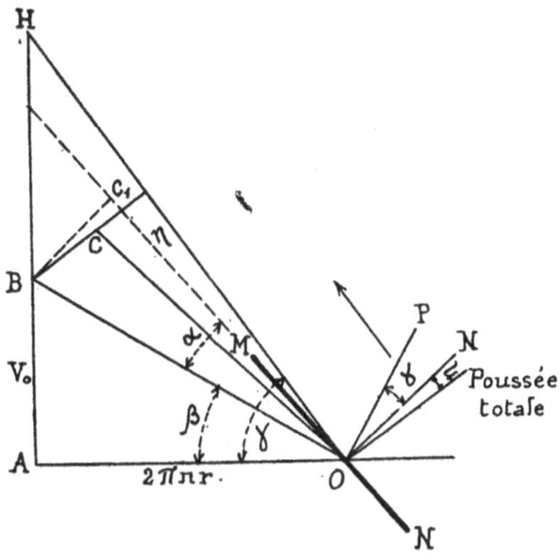


Fig. 67

L'angle $\eta$ se reproduit en MOH; l'angle $\alpha$ est mesuré en BOM. L'indication des angles sur l'épure montre que l'on a bien

$$\gamma = \beta + \alpha + \eta.$$

Les deux rendements sont donc identiques.

## Hélices au point fixe

Des expériences sur des hélices au point fixe ont été effectuées par M. Boyer-Guillon au Conservatoire des Arts et Métiers.

Les résultats ont paru dans la *Revue de Mécanique* du 28 février 1909.

L'installation d'expériences y est décrite de cette manière :

L'appareil d'essai du Laboratoire est constitué (*fig.* 68) par une dynamo dynamométrique Panhard et Levassor, dont le principe n'est autre que celui du dynamomètre de M. Marcel Deprèz, que nous avons appropriée aux mesures nécessaires à nos essais d'hélices.

Cette dynamo est suspendue par quatre fils d'acier de 6 mètres de long, de manière à en faire un pendule très mobile, qui pourra se déplacer sous l'effort de poussée de l'hélice. Un plateau, suspendu à un ruban d'acier qui vient se fixer en avant de l'appareil, s'oppose à ce déplacement par la charge qu'on lui fait porter. Les poids portés par le plateau mesurent l'effort de poussée de l'hélice.

La dynamo dynamométrique, d'une puissance de 20 à 25 chevaux, se compose d'un induit tournant dans une cage mobile constituant les inducteurs. Un bras de levier, fixé sur cette cage, porte à son extrémité un plateau où l'on met des poids destinés à mesurer la valeur du couple moteur.

L'induit de la dynamo est constitué comme un induit ordinaire ; son arbre moteur passe dans des coussinets en bronze faisant bloc avec la cage qui porte les inducteurs. Cette cage peut tourner autour de l'axe de l'arbre moteur, ou mieux basculer en pivotant sur des couteaux reposant sur des rainures portées par les chaises boulonnées sur le bâti général en fonte.

L'arbre moteur de l'induit se prolonge par un autre arbre qui porte l'hélice, il est soutenu par deux paliers à billes dans lesquels il tourne. Ces paliers sont logés dans le tube qui fait corps avec la cage oscillante à laquelle il est relié par les armatures ainsi que par les haubans destinés à lui donner de la rigidité.

La cage oscillante comporte encore deux coussinets destinés à recevoir un arbre secondaire portant un train d'engrenages réducteurs ou multiplicateurs suivant le cas. L'arbre de l'induit est alors coupé et ses parties du côté de l'induit et du côté de l'hélice portent les engrenages convenables pour correspondre aux trains d'engrenages que portent les arbres secondaires que l'on ajoute à la machine. Le but de cette adjonction est le suivant : pour que le moteur électrique puisse développer sa puissance entière, il faut qu'il tourne à une vitesse déterminée (1200 tours par minute) ; or, comme les hélices que nous avons à essayer peuvent, suivant le cas, utiliser cette puissance à des vitesses différentes, soit plus grandes, soit plus petites, nous pouvons, en changeant le train d'engrenage, approprier la vitesse de l'hélice à celle du moteur électrique.

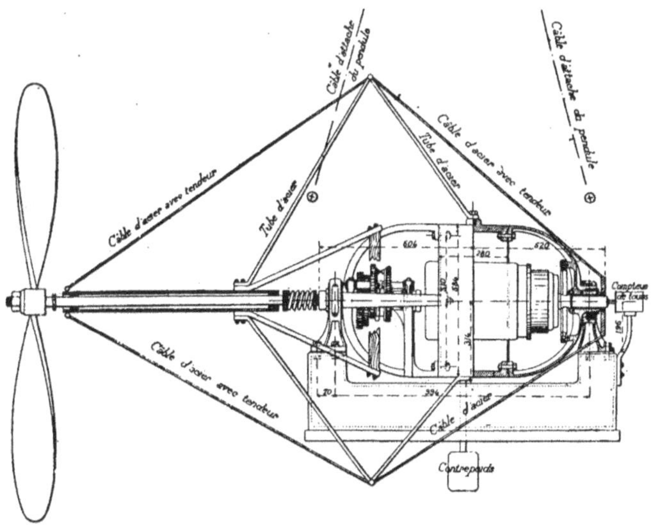


Fig. 68

L'arbre porte-hélice est terminé par une lanterne à coussinets à billes pour permettre d'attacher le ruban d'acier portant les poids du plateau de poussée à l'arbre porte-hélice qui tourne avec elle.

A l'arrière de la machine, est disposé un compteur à embrayage magnétique destiné à mesurer la vitesse de l'hélice. Le moteur électrique et le compteur magnétique sont reliés par des fils aux rhéostats de démarrage et de là aux bornes du tableau électrique. Les rhéostats peuvent se coupler en série ou en dérivation les uns par rapports aux autres, de manière à doser exactement le courant nécessaire pour actionner l'hélice en essai à une vitesse telle qu'elle développe un effort de poussée déterminée.

## Expériences de M. Boyer-Guillon

| | Nos des essais | Nombre de tours par 1″ $n$ | Poussée $P$ | $\dfrac{P}{n^2}$ | Puissance $T$ | $\dfrac{T}{n^3}$ | $\dfrac{P^3}{T^2}$ | Efficacité $\dfrac{P}{T}$ | |
|---|---|---|---|---|---|---|---|---|---|
| Hélices à 2 ailes | 1 | 6.183 | 25 | 0.654 | 285.0 | 1.220 | 0.192 | 0.0880 | Valeur moyenne |
| | 2 | 6.767 | 30 | 0.655 | 373.5 | 1.210 | 0.193 | 0.0805 | |
| | 3 | 7.300 | 35 | 0.657 | 468.0 | 1.198 | 0.196 | 0.0750 | |
| | 4 | 7.800 | 40 | 0.656 | 561.7 | 1.186 | 0.203 | 0.0715 | |
| | 5 | 8.283 | 45 | 0.657 | 664.5 | 1.174 | 0.206 | 0.0678 | |
| | 6 | 8.750 | 50 | 0.653 | 777.0 | 1.160 | 0.207 | 0.0645 | |
| | | | | 0.655 | | 1.191 | | | |
| Hélices à 3 ailes | 1 | 4.92 | 20 | 0.826 | 187.50 | 1.574 | 0.228 | 0.1070 | Valeur moyenne |
| | 2 | 5.57 | 25 | 0.806 | 263.50 | 1.523 | 0.226 | 0.0950 | |
| | 3 | 6.08 | 30 | 0.811 | 345.70 | 1.538 | 0.226 | 0.0870 | |
| | 4 | 6.58 | 35 | 0.808 | 433.50 | 1.518 | 0.228 | 0.0810 | |
| | 5 | 7.04 | 40 | 0.807 | 528.00 | 1.513 | 0.230 | 0.0755 | |
| | 6 | 7.47 | 45 | 0.806 | 629.00 | 1.510 | 0.230 | 0.0715 | |
| | 7 | 7.83 | 50 | 0.815 | 730.25 | 1.522 | 0.234 | 0.0685 | |
| | 8 | 8.17 | 55 | 0.824 | 840.00 | 1.540 | 2.236 | 0.0655 | |
| | | | | 0.814 | | 1.529 | | | |
| Hélices à 4 ailes | 1 | 4.45 | 20 | 1.010 | 181.50 | 2.060 | 0.243 | 0.110 | Valeur moyenne |
| | 2 | 5.13 | 25 | 0.950 | 254.15 | 1.883 | 0.242 | 0.0985 | |
| | 3 | 5.53 | 30 | 0.981 | 333.75 | 1.974 | 0.242 | 0.0900 | |
| | 4 | 5.98 | 35 | 0.980 | 417.00 | 1.950 | 0.247 | 0.0840 | |
| | 5 | 6.43 | 40 | 0.968 | 510.00 | 1.918 | 0.246 | 0.0787 | |
| | 6 | 6.82 | 45 | 0.967 | 604.50 | 1.906 | 0.249 | 0.0745 | |
| | 7 | 7.15 | 50 | 0.978 | 700.50 | 1.916 | 0.255 | 0.0714 | |
| | 8 | 7.50 | 55 | 0.978 | 806.25 | 1.911 | 0.256 | 0.0685 | |
| | | | | 0.976 | | 1.940 | | | |

Les résultats fournis par ce tableau montrent une constance remarquable des rapports $\dfrac{P}{n^2}$ et $\dfrac{T}{n^3}$

La caractéristique de ces essais a été de démontrer que les quantités $\dfrac{P}{n^2}\,\dfrac{T}{n^3}$ sont très sensiblement constantes quelque soit la vitesse de rotation de l'hélice.

Le tableau ci-contre rapporte les résultats d'expériences effectuées sur des hélices de $2^m44$ de diamètre à 2, 3 et 4 ailes. Ces hélices étaient à pas légèrement variable : le pas moyen était de $1^m83$.

### Hélices propulsives

Les formules du colonel Renard pour les hélices au point fixe sont ainsi vérifiées.

Ces formules sont :

$$P = \alpha\, n^2\, D^4$$
$$T = \beta\, n^2\, D^4$$

On conclut donc que pour une même hélice, les coefficients $\alpha$ et $\beta$ sont constants, quelque soit la vitesse de rotation de l'hélice.

Il était donc très intéressant de savoir dans quelles conditions ces mêmes formules étaient applicables à des hélices propulsives.

Des formules de similitude ont été proposées pour des hélices géométriquement semblables.

Pour des hélices semblables on aura, si l'angle d'attaque reste le même

$$\frac{V}{n\,D} = \frac{V'}{n'\,D'}$$

V est la vitesse de translation.

En effet, si l'angle d'attaque à la périphérie est $\alpha$ on aura

$$\frac{V}{nD} = \frac{\pi}{\mathrm{tg}\beta}$$

Si pour une hélice géométriquement semblable, l'angle $\alpha$ reste constant, l'angle $\beta$ ne changera pas non plus puisque l'inclinaison de l'élément MN reste le même, le rapport $\dfrac{\pi}{\mathrm{tg}\beta}$ reste aussi constant et par conséquent

$$\frac{V}{nD} = \frac{V'}{n'D'} = C^{te}$$

Les formules du colonel Renard donnent

$$\alpha = \frac{P}{n^2\,D^4}$$

$$\beta = \frac{T}{n^3\,D^5}$$

Si pour la même valeur de $\dfrac{V}{n\,D}$ et pour des hélices propulsives géométriquement semblables, les rapports $\dfrac{P}{n^2\,D^4}$ et $\dfrac{T}{n^3\,D^5}$ analogues aux rapports $\dfrac{P}{n^2}\,\dfrac{T}{n^3}$ des hélices sustentatrices conservent aussi des valeurs constantes, les coefficients $\alpha$ et $\beta$ seront constants et dans ces conditions les formules du colonel Renard seront applicables aux hélices propulsives.

Ces formules de similitude ne permettent pas de calculer une hélice quelconque, mais elles sont suffisantes, étant donnés les résultats reconnus bons d'une hélice de forme et de dimensions connues pour calculer les résultats d'une hélice géométriquement semblable à laquelle on demande une poussée ou une puissance donnée.

Des expériences ont été faites par le capitaine Dorand sur des hélices géométriquement semblables pour vérifier dans quelles mesures ces équations de similitude étaient applicables.

## Expériences du capitaine Dorand

Le capitaine Dorand a entrepris au laboratoire de Chalais-Meudon des expériences sur des hélices propulsives.

Le dispositif expérimental de Chalais se compose d'un wagon dynamométrique circulant sur une voie de 1 m. de largeur.

Cette voie, en plan incliné de pente uniforme sur la moitié de sa longueur, se prolonge d'abord par un palier puis par une rampe destinée à ralentir la vitesse du wagon avant son freinage automatique.

Deux rails conducteurs isolés recevant le courant électrique par leurs extrémités opposées, procurent l'énergie à une dynamo à excitation en dérivation montée sur le wagon. Cette dynamo actionne l'hélice à essayer par l'intermédiaire d'une chaine.

Des appareils enregistreurs permettent de mesurer à chaque instant :

1° la poussée P à l'aide d'un dynamomètre hydraulique Richard ;

2° la vitesse de rotation de l'hélice et celle de translation du wagon à l'aide de chronographes ;

3° le travail dépensé par l'arbre de l'hélice au moyen des indications des appareils de mesures électriques ; le tarage de ces instruments ayant été fait aux différentes vitesses de rotation de la dynamo à l'aide d'un moulinet Renard.

Des chronographes indicateurs d'origine des temps sont montés sur chacun des appareils enregistreurs et sont mis en route automatiquement au même moment; on a donc ainsi au point de vue des temps une concordance absolue dans l'enregistrement des phénomènes.

La pesanteur venant ajouter son effet à l'effort de traction de l'hélice donne au wagon sur la pente une vitesse accélérée qui devient sensiblement uniforme au moment du passage du véhicule sur le palier.

Actuellement cette vitesse peut atteindre 12 m. 50 par seconde, un allongement projeté de la voie permettra d'obtenir 15 m.

La dynamo à excitation en dérivation tourne à une vitesse constante pendant tout le trajet du véhicule. La partie du dispositif d'entraînement permettant la mesure de la poussée est mobile par rapport au wagon; son poids étant connu ainsi que l'accélération du véhicule à la descente, il est facile, dans cette mesure de la poussée, de tenir compte de l'augmentation due à l'effet de la pesanteur suivant la pente et de la diminution provoquée par l'accélération et les phénomènes d'inertie qu'elle entraine.

Les expériences sont faites par vent nul.

A l'aide des diagrammes fournis par les appareils enregistreurs il est facile d'établir les courbes.

$$(4) \qquad\qquad P = \varphi_1(V) \qquad\qquad T = \varphi_2(V) \qquad\qquad (5)$$

donnant, pour un nombre de tours $n$ par seconde constant, les lois de la variation de la poussée P et du travail T en fonction de la vitesse de translation V.

A titre d'exemple, nous donnons figures 1, 2, 3 et 4, ces courbes déterminées pour différentes valeurs de $n$ et pour deux hélices semblables l'une de 2 m. 50, l'autre de 4 m. 30 de diamètre, le pas pour chacune d'elles étant égal aux 3/4 du diamètre.

Le capitaine Dorand a fait ces expériences dans le but de vérifier des formules de similitude proposées pour des hélices géométriquement semblables.

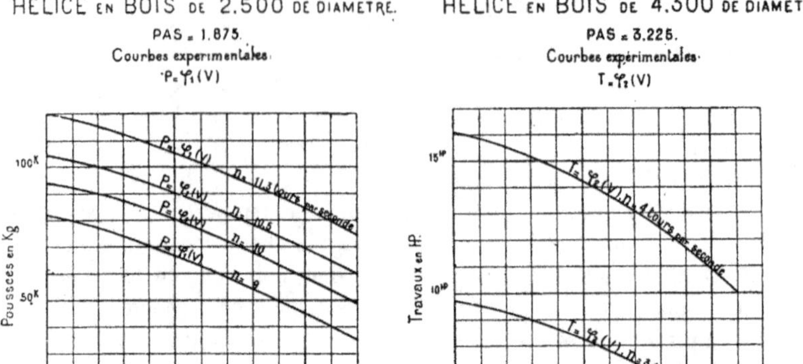


HELICE en BOIS de 2.500 de DIAMETRE.
PAS = 1.875.
Courbes experimentales
P = φ₁(V)
Poussées en Kg
100ᴷ
P = φ(V)
P = φ(V)
P = φ(V)
P = φ(V)
n = 11,3 tours par seconde
n = 10,5
n = 10
n = 9
50ᴷ
0ᴷ
0ᵐ
5ᵐ
10ᵐ
V
V = Vitesse de translation
Fig 1

HELICE en BOIS de 4.300 de DIAMETRE
PAS = 3.225.
Courbes expérimentales
T = φ₂(V)
Traveaux en HP
15ᴴᴾ
T = φ(V) n = 4 tours par seconde
10ᴴᴾ
T = φ(V) n = 3,45 tours
5ᴴᴾ
0ᵐ
5ᵐ
10ᵐ
V
V = Vitesse de translation
Fig. 4

HELICE en BOIS de 2.500 de DIAMETRE
PAS = 1.875
Courbes experimentales
T = φ₂(V)
Travaux en HP
20ᴴᴾ
T = φ(V) n = 11,3 tours par seconde
15ᴴᴾ
T = φ(V) n = 10,5 tours
T = φ(V) n = 10 tours
10ᴴᴾ
T = φ(V) n = 8 tours
5ᴴᴾ
0ᵐ
5ᵐ
10ᵐ
V
V = Vitesse de translation
Fig 2

HELICE en BOIS de 4.300 de DIAMETRE
PAS = 3.225.
Courbes experimentales
P = φ₁(V)
Poussées en Kg
150ᴷ
P = φ(V) n = 4,5 tours par seconde
100ᴷ
P = φ(V) n = 4 tours
P = φ(V) n = 3,45 tours
50ᴷ
0ᴷ
0ᵐ
5ᵐ
10ᵐ
V
V = Vitesse de translation.
Fig 3

FIG. 69

Les deux hélices essayées étaient en effet de forme géométriquement semblables.

Les formules de similitude étant :

$$\frac{V}{N\,D} = \frac{V'}{N'\,D'} \qquad (1)$$

$$\frac{P}{N^2\,D^4} = \frac{P'}{N'^2\,D'^4} \qquad (2)$$

$$\frac{T}{N^3\,D^5} = \frac{T'}{N'^3\,D'^5} \qquad (3)$$

Le capitaine Dorand partant de l'essai de l'hélice de 2 m. 50 qui lui fournissait les valeurs correspondantes de P V et T s'est servi de ces formules pour calculer les valeurs correspondantes P′ V′ T′ de l'hélice de 4 m. 30.

Il a trouvé pour une vitesse de translation de 12 m. à la seconde que P′ et T′ calculés étaient respectivement égaux à 49 HP et 210 $^{Ks}$ et que P′ et T′, mesurés expérimentalement, étaient égaux respectivement à 48 HP et 202 $^{Ks}$. Cette vérification est suffisante.

Le capitaine Dorand ayant conclu que ces équations de similitude étaient vérifiées par la pratique, en a tiré les conséquences suivantes :

*Première conséquence.*

Pour une même hélice $D = D'$.

Les formules de similitude deviennent :

$$\frac{V}{n} = \frac{V'}{n'}$$

$$\frac{P}{n^2} = \frac{P'}{n'^2}$$

$$\frac{T}{n^3} = \frac{T'}{n'^3}$$

Les essais au point fixe de M. Boyer-Guillon vérifient les deux dernières ainsi que nous venons de le voir. C'est donc un motif de plus pour admettre l'exactitude des formules de similitude.

*Deuxième conséquence.*

Le travail utile de l'hélice propulsive est exprimé par

$$T_u = PV$$

Le rendement est

$$r = \frac{PV}{T}$$

D'autre part les formules (1) (2) (3) combinées donnent

$$\frac{PV}{T} = \frac{P'V'}{T'} = r$$

Le rendement maximum est le même pour toutes les hélices géométriquement semblables.

Le capitaine Dorand a trouvé, en effet, que les rendements maximum des deux hélices essayées étaient respectivement égaux à 0.73 et 0.74.

*Troisième conséquence.*

L'angle d'attaque à l'extrémité de l'aile correspondant au rendement maximum est constant pour toutes les hélices semblables.

Pour l'hélice de 2<sup>m</sup>50 cet angle est égal à 3°57′ ; pour l'hélice de 4<sup>m</sup>30 il est 3°50′.

*Quatrième conséquence.*

Le rendement ayant comme expression $r = \dfrac{PV}{T}$ on aura en combinant les équations du colonel Renard

$$r = \frac{\alpha}{\beta}\; \frac{V}{nD}$$

Si $r$ est constant, le rapport $\dfrac{\alpha}{\beta}$ l'est également. Donc à égalité de rendement on peut appliquer les équations du colonel Renard aux hélices propulsives.

En écrivant

$$\frac{V}{nD} = \gamma$$

on a

$$r = \frac{\alpha\gamma}{\beta}$$

Le capitaine Dorand a construit des courbes des coefficients $\alpha$ $\beta$ et $\gamma$ en fonction du rapport du pas au diamètre $m = \dfrac{H}{D}$ en faisant des essais sur cinq hélices de même surface alaire mais dont les rapports du pas au diamètre étaient les suivantes :

$$m = 0.025,\ 0.75,\ 0.874,\ 1,\ 1.24.$$

et il a reporté sur ce diagramme les valeurs des rendements maximum.

Il a trouvé que le maximum maximorum du rendement correspondait à m = 1. 2. Le capitaine Dorand fait remarquer que ce sont des hélices à pas très allongé qui ne sont guère utilisables dans la pratique.

## Expérience de M. Eiffel

M. Eiffel a publié dans l' « Aérophile » quelques résultats d'expériences effectuées dans son laboratoire de la tour Eiffel sur un modèle réduit d'hélice comparé aux résultats obtenus par le capitaine Dorand avec une hélice semblable de grandes dimensions.

M. Eiffel a porté en abscisses le rapport $\dfrac{V}{nD}$ et en abscisses les quantités $\dfrac{F}{n^2D^4}$ $\dfrac{C}{n^3D^5}$ $\dfrac{P}{n^3D^5}$ et $r$ représentant respectivement les poussées unitaires, les couples résistants unitaires, les puissances unitaires et les rendements.

Des formules de similitude

$$\frac{P}{n^2D^4} = \frac{P'}{n'^2D'^4} = C^{te}\ P \text{ remplaçant } F$$

$$\frac{T}{n^3\ D^5} = \frac{T^1}{n'^3\ D'^5} = C^{te}\ T \text{ remplaçant } P$$

on déduit que $\dfrac{P}{n^2D^4}$ et $\dfrac{T}{n^3D^5}$ constituent des valeurs unitaires de comparaison pour des hélices géométriquement semblables. M. Eiffel a constaté que ces quantités ne sont pas constantes quelque soient les vitesses de rotation. Les courbes obtenues sont cependant généralement très voisines. *Fig.* 70.

*<br>* *

D'autres expériences ont été effectuées sur les hélices, mais comme pour le reste de l'ouvrage, nous n'avons pas eu l'intention de les rapporter toutes, mais de nous borner à celles qui nous paraissaient les plus caractéristiques d'un genre d'essais.

Nous signalerons cependant les remarquables expériences que M. Riabouchinsky a faites sur les hélices au point fixe ou plongées dans un courant d'air artificiel, sur des hélices de pas et de formes

POUSSÉES.
Poussées unitaires $\frac{F}{nD^2}$
nD=24,4 (Cap Dunod)
nD=24,1
nD=19,0
nD=13,7
nD=9,05
Valeurs du rapport $\frac{V}{nD}$

COUPLES RÉSISTANTS.
Couples résistants unitaires $\frac{C}{nD^3}$
nD=24,4
nD=24,1
nD=19,0
nD=13,7
nD=9,05
Valeurs du rapport $\frac{V}{nD}$

PUISSANCES { UTILES Pu
{ MOTRICES Pm
Puissances unitaires $\frac{P}{nD^3}$
nD=24,4
nD=24,1
nD=19,0
nD=13,7
nD=9,05
nD=24,1
nD=19,0
nD=13,7
nD=9,05
Valeurs du rapport $\frac{V}{nD}$

RENDEMENTS.
Rendements
nD=24,4
nD=24,1
nD=19,0
nD=13,7
nD=9,05
Valeurs du rapport $\frac{V}{nD}$

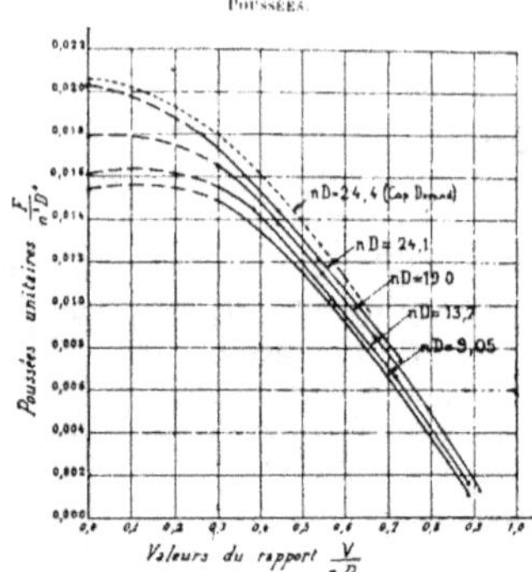

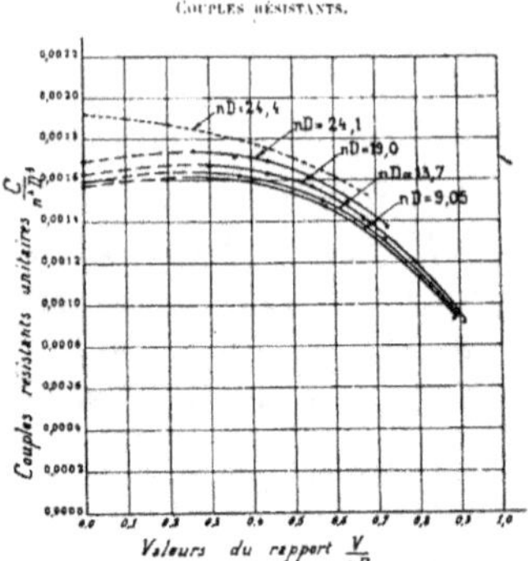

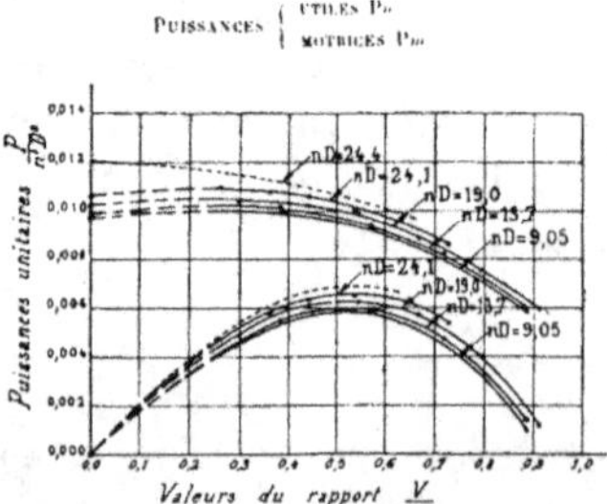

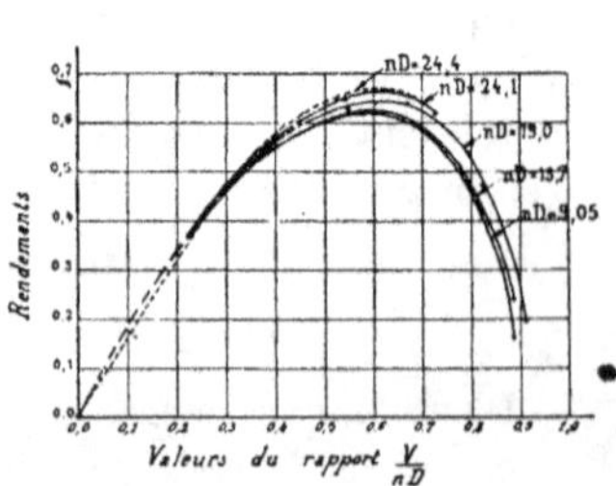

FIG. 70

Exp Planche 1.

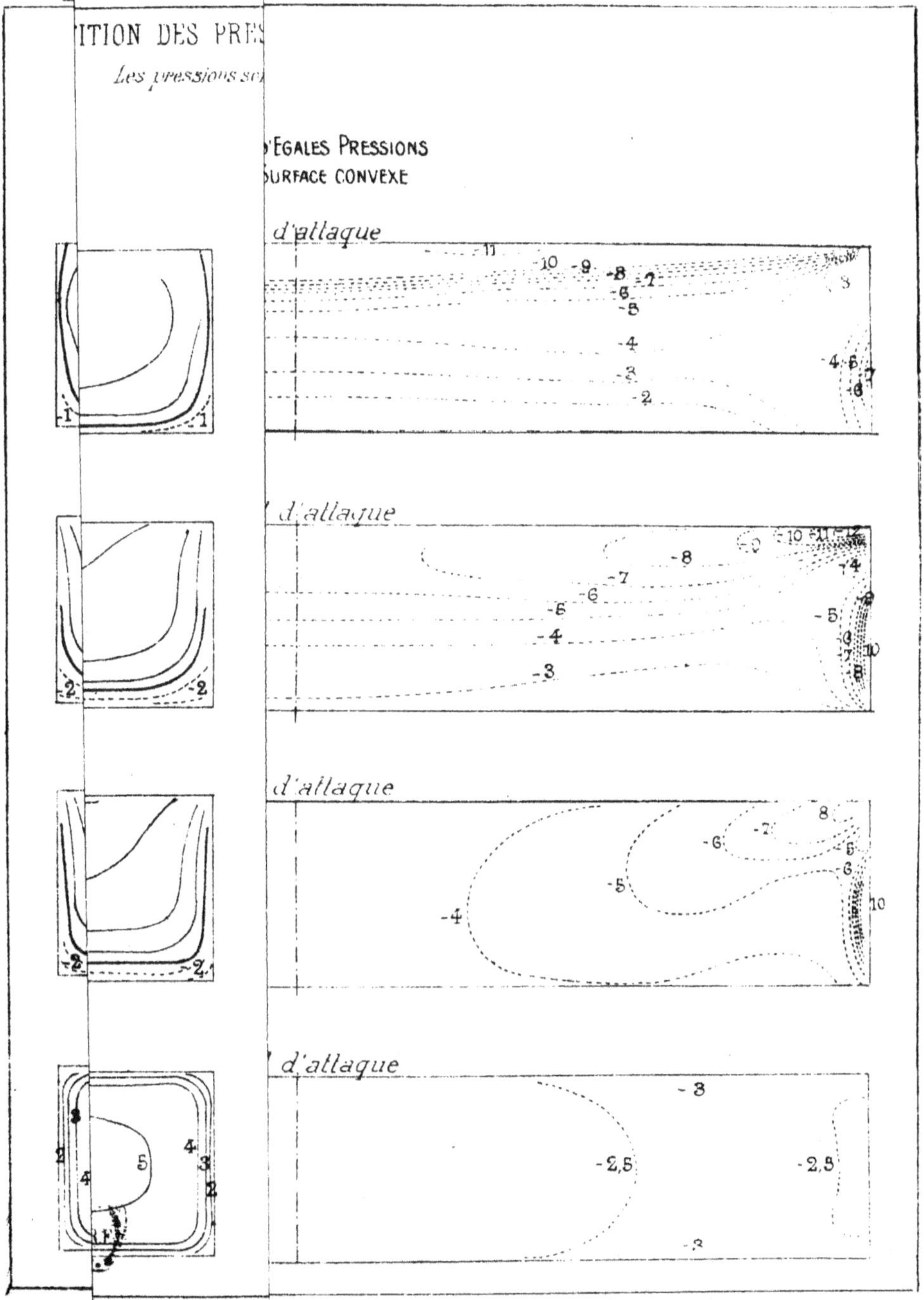


Résistance de l'air envisagée comme base scientifique
xpérimentale de l'aviation.

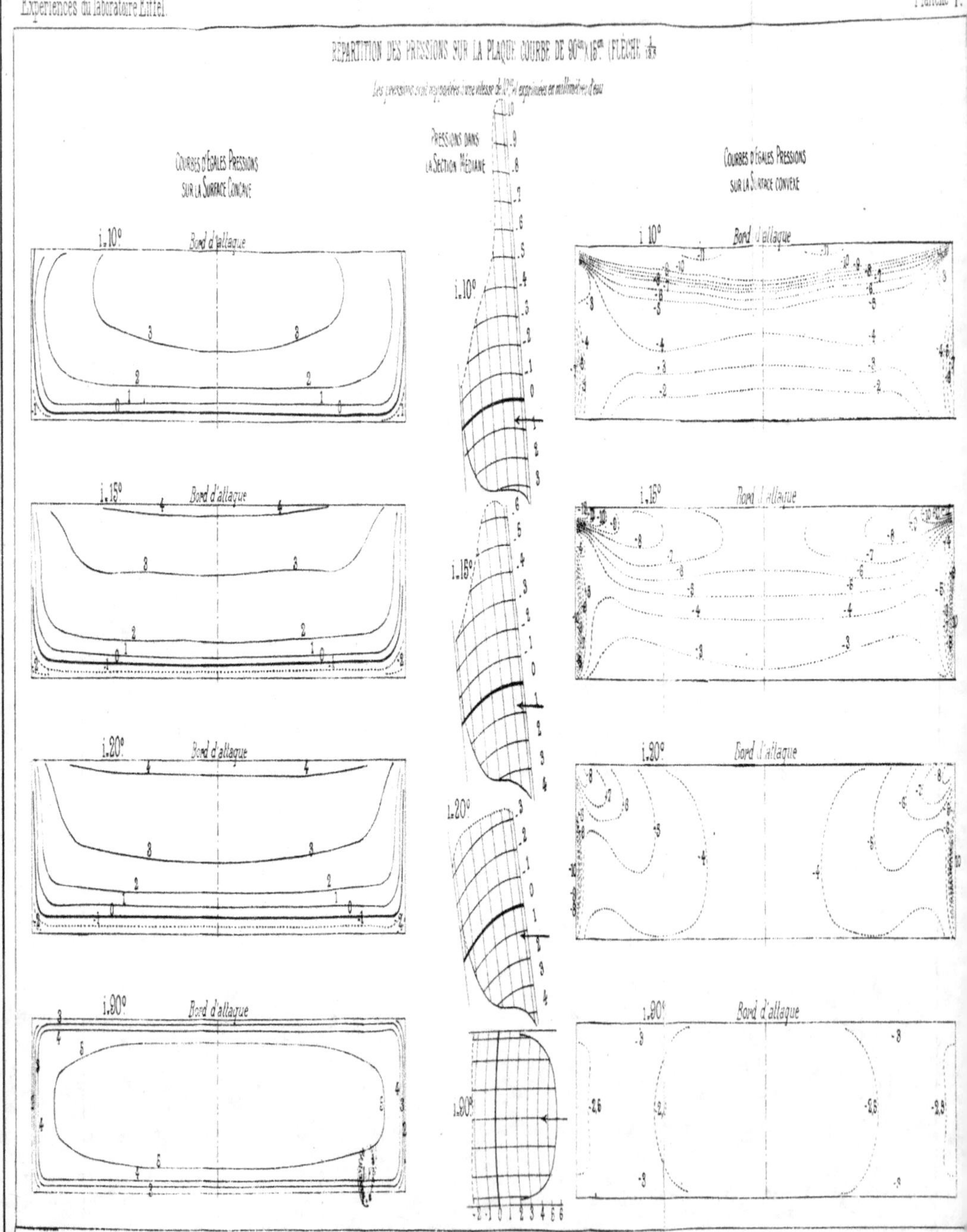



Legrand – La Résistance de l'air envisagée comme base scientifique et expérimentale de l'aviation.

Ex                                                            Planche 2

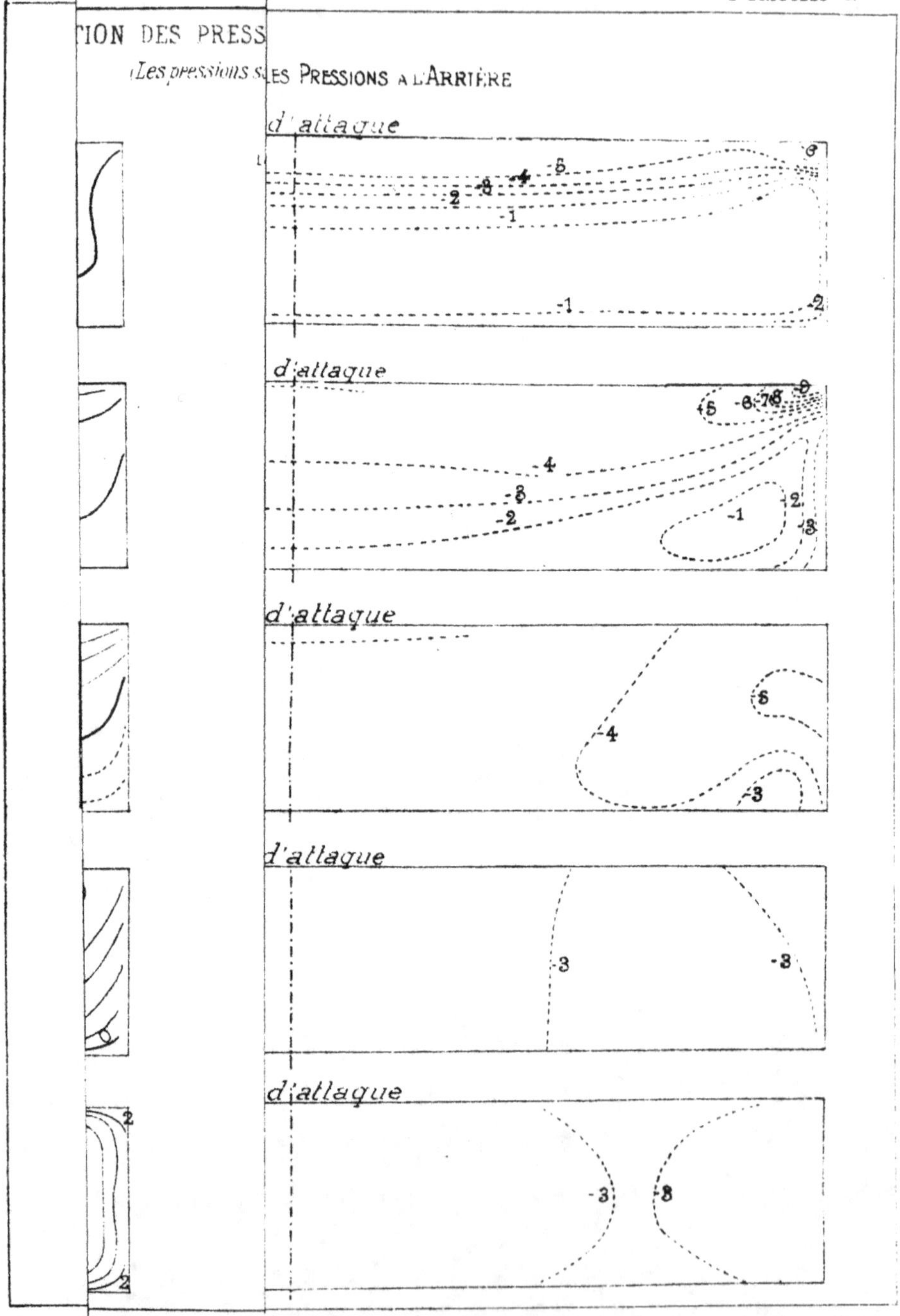

TION DES PRESS
(Les pressions s
LES PRESSIONS A L'ARRIÈRE
d'attaque
-6
-5
-4
-3
-2
-1
-1
-2
d'attaque
-9
-5
-6
-7
-8
-4
-3
-2
-1
-2
-3
d'attaque
-5
-4
-3
d'attaque
-3
-3
d'attaque
-3
-3
2
2


Résistance de l'air envisagée comme base scientifique
érimentale de l'aviation.

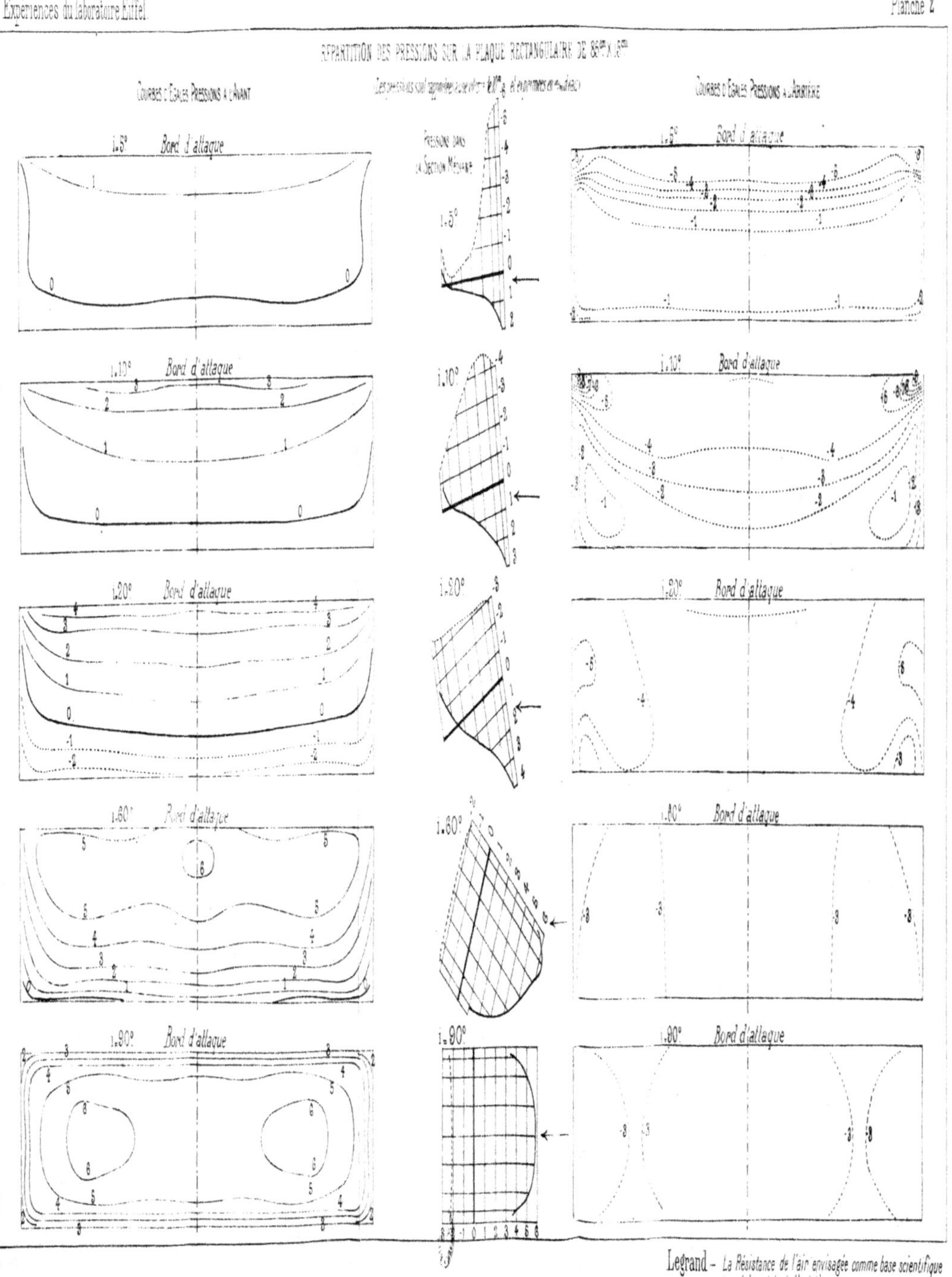


Legrand — *La Résistance de l'air envisagée comme base scientifique et expérimentale de l'aviation.*

Exp...

NCE N°

—Diagramme de correction.

rience (

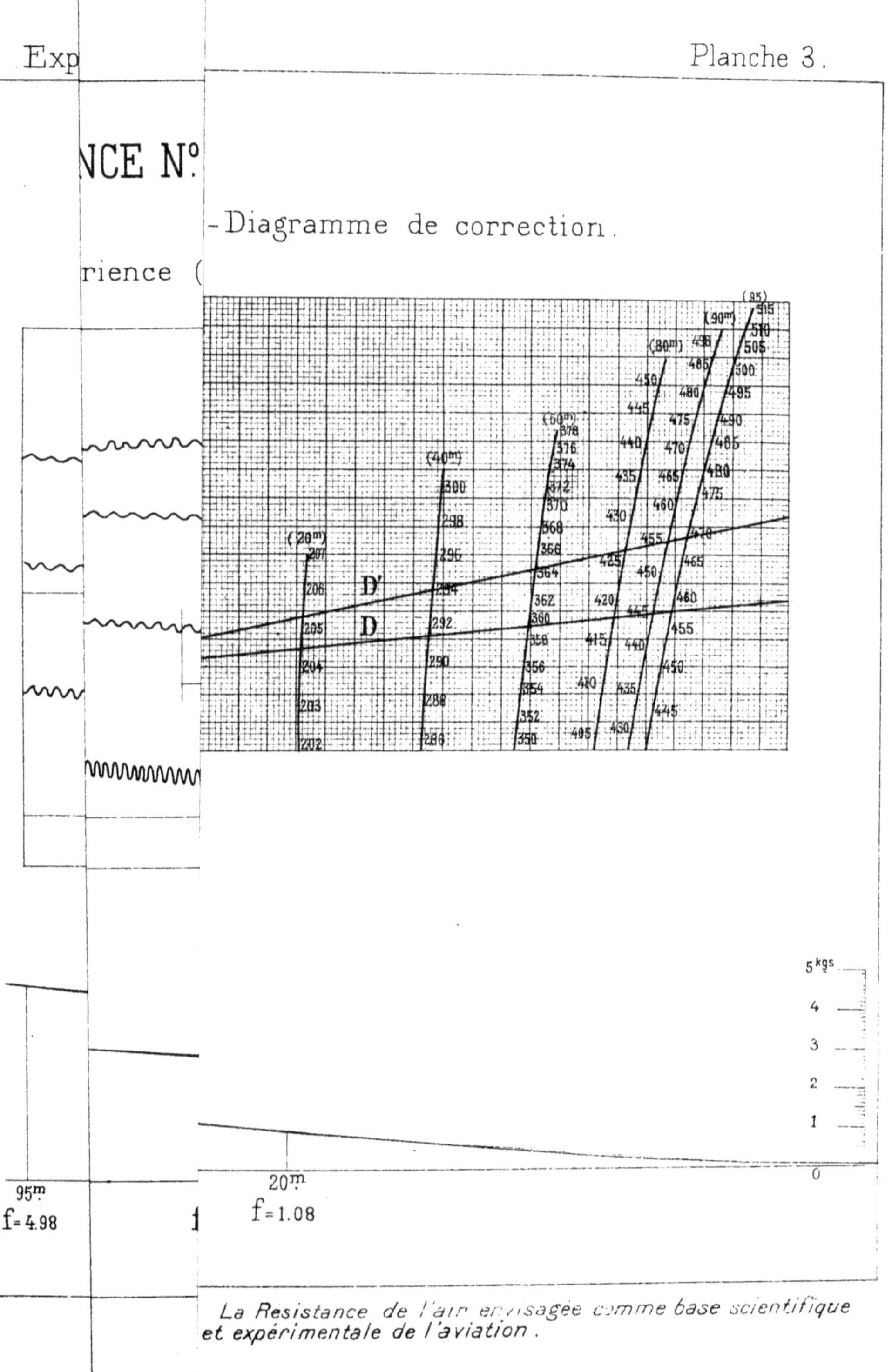


*La Resistance de l'air envisagée comme base scientifique et expérimentale de l'aviation.*

# EXPÉRIENCE N°1. Cercle de 1/16 de m² (diamètre 0.282 m) - Ressort R 4.

Fig.1- Diagramme d'expérience (Echelle $\frac{1}{1}$)

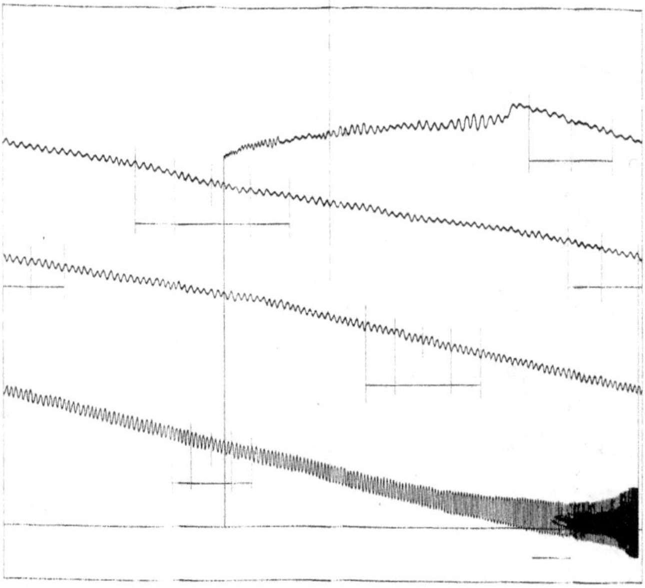

Fig.3.- Diagramme de correction.

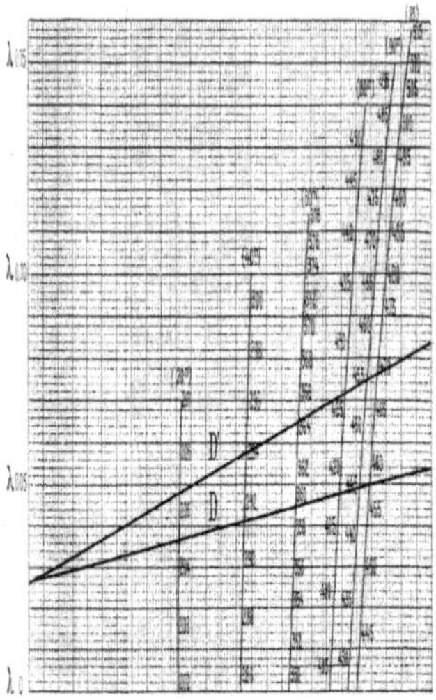

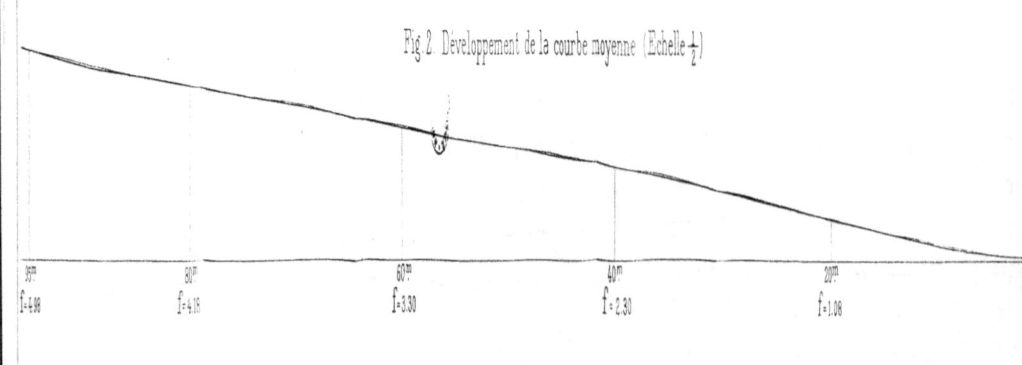

Fig.2. Développement de la courbe moyenne (Echelle $\frac{1}{2}$)

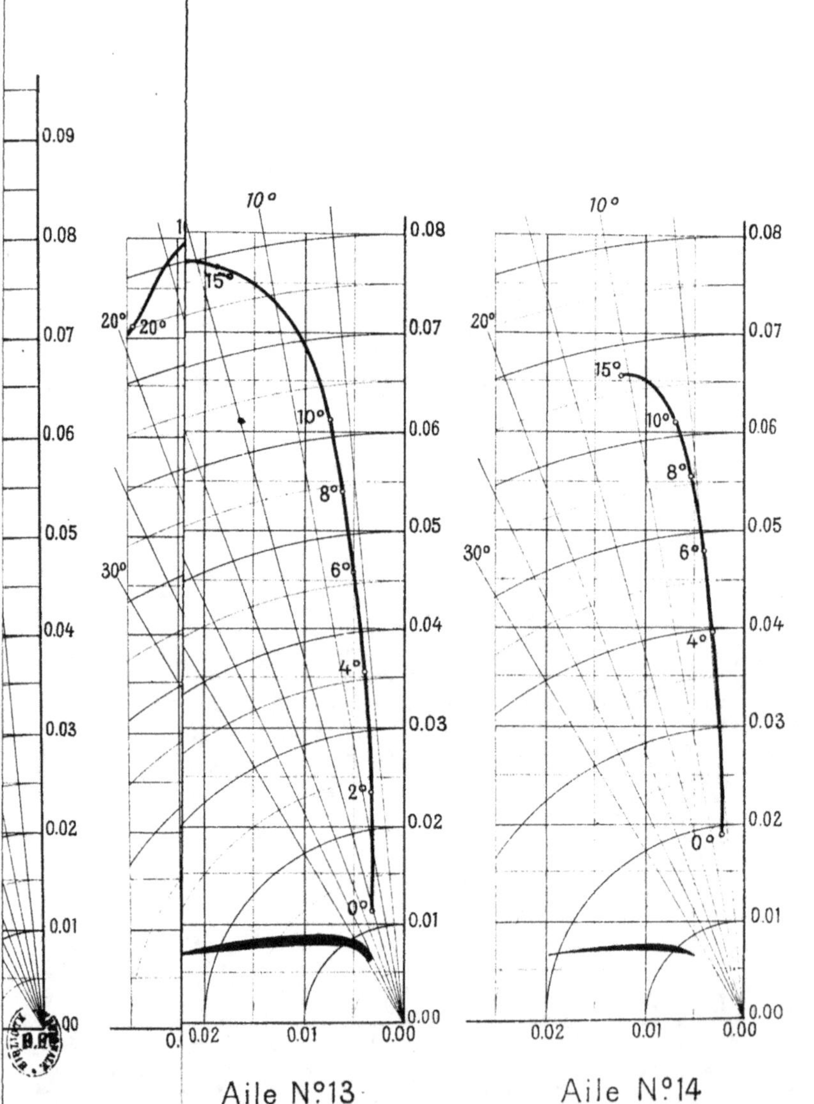

Aile N°13

Aile N°14

Flêche ¹/₇.  plane à l'ue à l'aile Blériot N°11.

analogue à l'aile Bréguet.

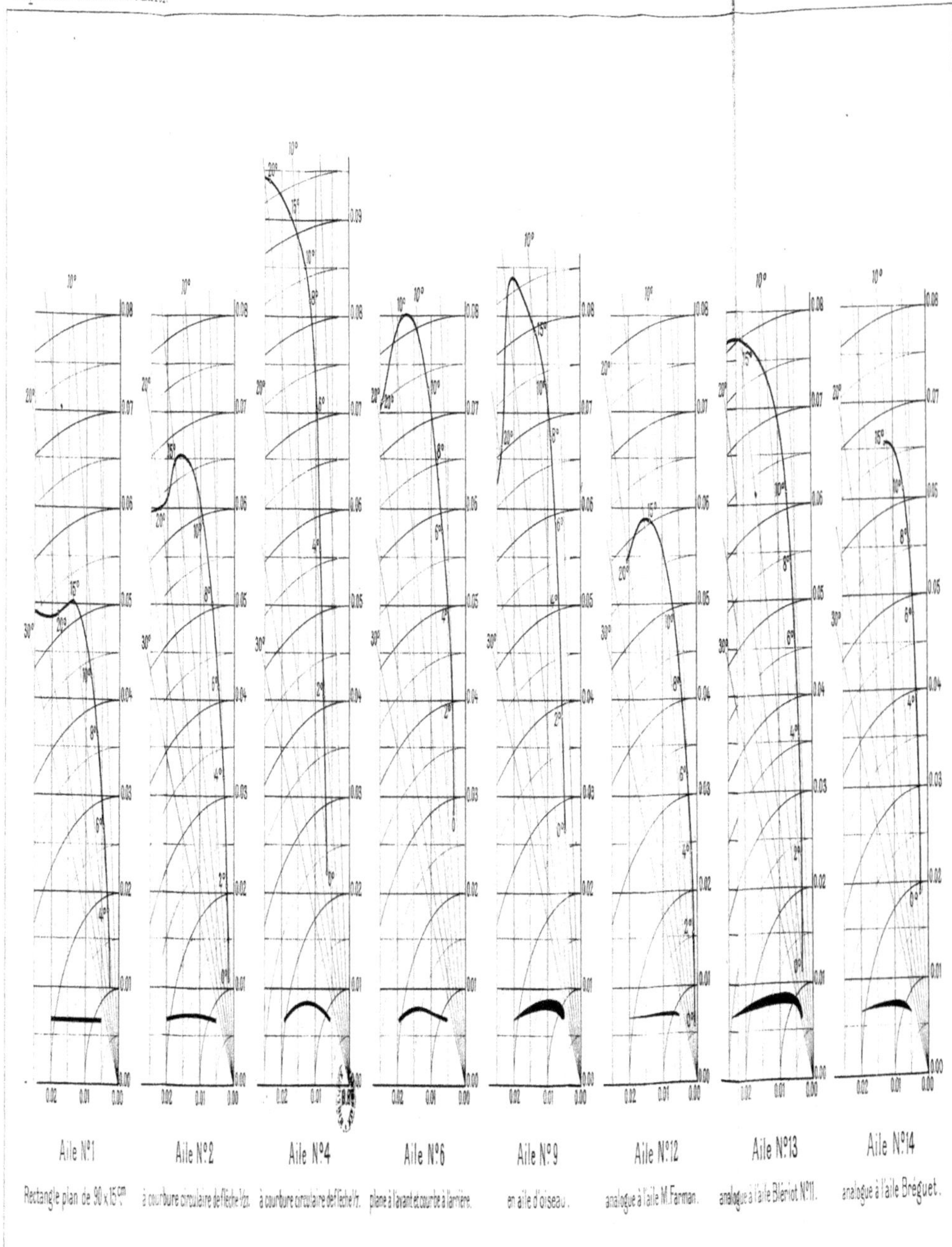


Legrand — *La Résistance de l'air envisagée comme base scientifique et expérimentale de l'aviation.*

différentes, etc. Ces expériences sont très touffues, mais n'ont peut-être pas le caractère industriel de celles que nous avons signalées.

Ces tentatives d'expériences en plein vol ont été faites par MM. Legrand et Gaudart, puis plus récemment par le capitaine Dorand.

Elles n'ont pas encore été poussées assez loin pour pouvoir fournir des résultats d'ordre général.

Des laboratoires s'outillent d'autre part pour faire des essais sur des modèles en grandeur naturelle ou dans des courants d'air à grande vitesse.

Nous signalerons les laboratoires de l'Institut aérotechnique à Paris et le nouveau laboratoire d'Eiffel à Auteuil.

Sans nul doute, une impulsion plus scientifique est donnée actuellement à l'aviation et on peut espérer se trouver bientôt en possession d'une somme d'expériences qui apporteront à la question des hélices les éléments de vérification qui lui font défaut.

# TABLE DES MATIÈRES



## II

## L'air comme moyen de sustentation

## III

## L'Air comme point d'appui des propulseurs

# TABLE

## DES GRAVURES HORS TEXTE ET DES PLANCHES

### GRAVURES HORS TEXTE



### PLANCHES

#### EXPÉRIENCES DU LABORATOIRE EIFFEL

www.ingramcontent.com/pod-product-compliance
Lightning Source LLC
LaVergne TN
LVHW020622200726

843508LV00002B/513